编译原理

柳青 朱锐 周维 胡盛 编著

科学出版社

北京

内 容 简 介

编译系统是计算机系统中的系统软件,是软件开发环境的核心组成部分。本书介绍编译系统的结构、工作流程及编译程序各组成部分的设计原理和实现技术。作者遵循 CDIO 工程教育理念将全书内容分为四篇,第 1 篇构思(Conceive),包括编译程序概论、文法和语言;第 2 篇设计(Design),包括词法分析、自顶向下语法分析、自底向上语法分析、语义分析与符号表;第 3 篇实现(Implement),包括语法制导翻译与中间代码生成、目标程序运行时的存储组织、出错处理、代码优化、目标代码生成;第 4 篇运作(Operate),包括寄存器分配、垃圾回收、面向对象语言编译器和人工智能编译器。

本书既可作为高等学校计算机科学与技术专业和软件工程专业的本科生教材或参考书,也可供计算机软件技术人员参考。

图书在版编目(CIP)数据

编译原理 / 柳青等编著. -- 北京:科学出版社,2025.3. -- ISBN 978-7-03-081540-8

Ⅰ. TP314

中国国家版本馆 CIP 数据核字第 20251CC701 号

责任编辑:孟　锐 / 责任校对:彭　映
责任印制:罗　科 / 封面设计:墨创文化

斜 学 出 版 社 出版

北京东黄城根北街 16 号
邮政编码:100717
http://www.sciencep.com

成都锦瑞印刷有限责任公司 印刷
科学出版社发行　各地新华书店经销

*

2025 年 3 月第　一　版　　开本:787×1092 1/16
2025 年 3 月第一次印刷　　印张:15 3/4
字数:373 000

定价:128.00 元
(如有印装质量问题,我社负责调换)

前　　言

　　编译程序是现代计算机系统中最重要的系统软件之一，是软件开发环境的核心组成部分，多数计算机系统都配有不止一个高级语言的编译程序。编译程序的重要性体现在它使得软件人员不必考虑与机器有关的烦琐细节，而是直接使用高级语言开发应用程序，这对于计算机的数量和种类持续不断增长的当今时代尤为重要。

　　"编译原理"不仅是计算机科学与技术专业和软件工程专业的核心课程，也是其他计算机类专业的选修课程。本教材的内容主要是系统地阐述编译程序的结构、工作流程及编译程序各组成部分的设计原理和实现技术。编译程序的基础是形式语言和自动机理论，编译程序的构造涉及源语言、目标语言和开发语言，所以"编译原理"课程既具有很强的理论性，又要求很强的实践性。作者结合多年为计算机科学与技术专业学生讲授"编译原理"课程和为软件工程专业学生讲授"编译技术"课程的教学实践，遵循 CDIO 工程教育理念，突出重要理论基础，强化实践能力训练，从构思、设计、实现、运作四个阶段全面分析、阐述编译程序的构造和应用。

　　全书内容分为四篇，第 1 篇构思(Conceive)，包括编译程序概论、文法和语言；第 2 篇设计(Design)，包括词法分析、自顶向下语法分析、自底向上语法分析、语义分析与符号表；第 3 篇实现(Implement)，包括语法制导翻译与中间代码生成、目标程序运行时的存储组织、出错处理、代码优化、目标代码生成；第 4 篇运作(Operate)，包括寄存器分配、垃圾回收、面向对象语言编译器、人工智能编译器。讲授学时可为 36～54 学时，若时间有限，第 4 篇可以考虑不讲。

　　"编译原理"课程涉及很多比较难以理解的理论和方法，本书收集和设计了有针对性的示例和案例，便于教师讲授和分析，每章后面都有大量习题供练习使用。本着理论联系实际的原则，加强学生的实践训练，书中设计了 6 个实践项目，包括词法分析、语法分析、语义分析、代码生成和代码优化的各阶段相应程序的设计与实现。

　　尽管"编译程序"是特指将高级程序设计语言翻译为低级语言的软件，但编译程序构造方法结合了来自计算机科学各个领域的技术，因此，编译程序构造的基本原理和技术也广泛应用于一般软件的设计和实现。"编译原理"学习和实践，能够培养学生严谨的治学态度和科学的思维方法，同时有助于提升学生解决复杂工程问题的能力。

　　本书第 1～3 章和实践项目及部分习题由柳青撰写，第 4～11 章和第 15 章由朱锐撰写，第 12～14 章由周维撰写。大部分习题由胡盛整理、设计，柳青和朱锐最后统稿。本书在撰写过程中得到了教育部编译课程虚拟教研室负责人北京航空航天大学张莉教授、大连理工大学江贺教授及其他相关专家、学者的支持和帮助，在此一并表示衷心的感谢。同时，感谢为本书付出辛勤劳动的黄月、辛卓然、王基书等研究生。

限于作者水平，书中疏漏和不足之处在所难免，敬请读者指正。

作者

2024 年 10 月于昆明

目　　录

第 1 篇　构思(Conceive)

第 2 篇　设计 (Design)

第3篇 实现(Implement)

第 4 篇 运作 (Operate)

构思（Conceive）

第1章　编译程序概论

软件的实现离不开程序设计语言,用高级语言编写的程序代码必须通过编译程序转换为相应的机器语言代码才能被计算机执行。本章首先阐述与编译程序相关的一些概念,然后介绍编译过程和编译程序结构,最后讨论编译程序的构造技术和程序设计语言的不同风格,目的是使读者对编译系统的概念、编译程序结构、编译原理和工作过程有一个总体了解,以便展开后续各章节内容。

1.1　编译程序的概念

1.1.1　程序设计语言

计算机系统不同于一般的电子设备,它是一个由计算机硬件系统和计算机软件系统组成的复杂的信息处理系统。计算机硬件系统通常由处理器、存储器、输入设备和输出设备等部件组成。计算机软件系统一般包括系统软件(如操作系统、编译系统等)、支撑软件(如各种工具软件、编辑软件等)和应用软件,其中编译系统由编译程序和运行系统组成。

从软件工程的角度来看,一个软件的生命周期一般包括需求分析、系统设计、编码实现、测试、运行维护等阶段。其中编码实现是指用某种程序设计语言将系统设计阶段描述的算法编写成程序代码的过程。

程序设计语言是用来编写程序的工具,可分为两大类。

第一类称为低级语言,包括机器语言、汇编语言以及其他面向机器的程序设计语言。机器语言是由0、1代码构成的,不需要翻译就可直接执行其程序;汇编语言是由机器指令助记符(伪代码)构成的,经汇编后才可执行其程序。在计算机诞生后的最初十年,程序员用来编写程序的语言基本上是这类语言,其特点是对计算机硬件依赖性强、可读性差、编写程序的工作量大,只有对相应计算机的结构比较熟悉且经过一定训练的编程人员才能较好地理解和使用。

第二类称为高级语言,其特点是对计算机硬件依赖性小、用类自然语言和数学公式形式编写程序代码。世界上第一个真正意义上的高级程序设计语言是 IBM 公司的巴克斯(Backus)经过两年研究于 1956 年推出的 FORTRAN 语言,此后又陆续出现了多达数百种的高级语言,但很多都是一些实验性语言,除了一些专用语言之外,得到广泛应用的只有其中少数几种,如 FORTRAN、BASIC、ALGOL、COBOL、PASCAL、C、DELPHI、JAVA、

C#等。高级语言不论在算法描述的能力上，还是在编写和调试程序的效率上，都远比低级语言优越。

然而，计算机硬件只能识别自己的指令系统，即只能直接执行相应机器语言格式的代码程序，而不能直接执行用高级语言或汇编语言编写的程序。因此，要在计算机上运行除机器语言之外的任一程序语言，就应首先使该语言能被计算机所"理解"，即需要把用该语言编写的程序代码翻译为机器语言代码。

1.1.2 基本概念和术语

在前面对程序设计语言进行讨论的基础上，现在可以对一些概念和术语赋予确切的含义，以便更好地理解编译程序和编译系统。这些概念和术语将在以后的章节中多次出现。

源程序(source program)：用源语言写的程序。源语言可以是汇编语言，也可以是高级程序设计语言。

目标程序(object program)：也称为结果程序，是源程序经翻译程序加工以后所生成的程序。目标程序可以用机器语言表示，也可以用汇编语言或其他中间语言表示。

翻译程序(translating program)：是指把一个源程序翻译成逻辑上等价的目标程序的程序。源程序为其输入，目标程序为其输出。

汇编程序(assembler)：是指把一个用汇编语言编写的源程序转换成等价的机器语言表示的目标程序的翻译程序。

编译程序(compiler)：源程序是用高级程序设计语言所写的，经翻译程序加工生成目标程序的翻译程序，也可称为编译器。

运行系统(run-time system)：目标程序执行时，需要有一些子程序(如一些连接装配程序及一些连接库等)配合进行工作，由这些子程序组成的一个子程序库。

编译系统(compiler system)：编译程序和运行系统的合称。

1.1.3 程序设计语言的翻译

除机器语言程序外，用其他语言书写的程序都必须经过翻译才能被计算机识别。这一过程由翻译程序来完成。

翻译是指在计算机中放置一个能由计算机直接执行的翻译程序，它以某一种程序设计语言(源语言)所编写的程序(源程序)作为翻译或加工的对象，当计算机执行翻译程序时，就将它翻译为与之等价的另一种语言(目标语言)的程序(目标程序)，如图 1.1 所示。

图 1.1 翻译程序的作用

　　"源"和"目标"这两个术语，总是相对于一类特定的翻译程序和翻译过程而言的。汇编程序是一种翻译程序，它的源语言和目标语言分别是相应的汇编语言和机器语言，如图 1.2 所示。

图 1.2　汇编程序的作用

　　如果一个翻译程序的源语言是某种高级语言，其目标语言是相应于某一计算机的汇编语言或机器语言，则称这种翻译程序为编译程序，如图 1.3 所示。

图 1.3　编译程序的作用

1.1.4　高级语言程序的执行

　　高级语言程序可以两种方式执行：一是编译方式，二是解释方式。这里先讨论编译执行方式，1.4 节将讨论解释执行方式。

　　当以编译方式在计算机上执行用高级语言编写的程序时，一般需要经过两个阶段：第一阶段称为编译阶段，其任务是由编译程序将源程序编译为目标程序，若目标程序不是机器代码，而是汇编语言程序，则需将汇编程序汇编为机器代码程序；第二阶段称为运行阶段，其任务是在目标计算机上执行编译阶段所得到的目标程序。在执行目标程序时，一般还应有一些子程序配合进行工作，如常见的数据格式转换子程序、标准函数计算子程序、浮点解释子程序、数组动态存储分配子程序、下标变量地址计算子程序等。这些子程序组成一个程序库，即运行系统。显然，库中的子程序越丰富，各子程序的功能越强，编译程序的结构就越简洁紧凑。

　　源程序的编译和目标程序的执行不一定在同一种计算机上完成。当源程序由另一种计算机进行编译(或汇编)时，将此种编译(或汇编)称为交叉编译(或汇编)。图 1.4 为计算机按编译方式执行一个高级语言程序的主要步骤。

　　编译程序是一种相当复杂的程序，其代码的长度可以从数万行到百万行不等，开发一个某种语言的编译程序的工作量往往以数百人年到上千人年计。编译程序已成为现今任何计算机系统最重要的系统程序之一。本书的目的，在于向读者介绍设计和构造编译程序的基本原理和基本方法，其中许多方法也同样适用于构造解释程序或汇编程序。

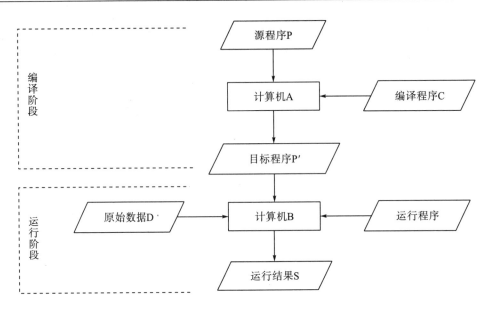

图 1.4　执行高级语言程序的步骤

1.2　编 译 过 程

　　编译程序的主要功能是把用高级语言编写的源程序翻译为等价的目标程序,既然编译过程是实现一种语言的翻译,那么可将编译程序的工作过程类比于外文资料(如英文资料)的翻译过程,这有助于更直观地了解一个编译程序一般应由哪些部分组成,以及各个组成部分应如何进行工作。

　　抽象地看,任何一份英文资料都是由英文大小写字母、标点符号(包括空格和其他符号)按相应语法规则所组成的字符串。因此,当需要将英文翻译为中文时,至少应具备如下能力:①认识英文的大小写字母及标点符号;②能识别出文中的各个单词;③会查字典;④懂得英文的语法;⑤具有目标语言(此处为中文)的修辞能力。至于如何进行翻译,概括地讲无非是做两方面的工作:一是进行分析,二是进行综合。所谓分析,就是从第一行的第一个字母开始,依次阅读英文资料中的各个符号,逐个识别出各个单词,然后根据语法规则进行语法分析,即分析原文中如何由单词组成短语和句子,以及句子的种类特点等。此外,在识别单词和进行语法分析的过程中,还要不时地查阅字典,做语法正确性的检查,进行相应的语义分析,并做一些必要的信息记录工作等。所谓综合,就是根据上述分析所得到的信息,拟定译稿,进行修辞加工,最后写出译文。

　　类似地,编译程序在其工作过程中,也需做两方面的工作,即分析源程序,然后再综合为目标程序。分析源程序时,首先对源程序的字符逐个扫描,进行词法分析,得到单词符号,再进行语法分析,根据语法规则将单词符号组合成句子,然后进行语义分析得到中间代码。综合处理,是对中间代码进行优化,最后生成目标代码。源程序编译过程与英文资料翻译过程的主要工作比较如表 1.1 所示。

表 1.1 翻译和编译工作的比较

工作项	翻译英文资料	编译源程序
分析	阅读原文	输入并扫视源程序
	识别单词	词法分析
	分析句子	语法分析、语义分析
综合	修辞加工	代码优化
	写出译文	目标代码生成

编译的分析工作也称为前端处理，其工作依赖于源程序而与目标机无关，包括词法分析、语法分析和语义分析。编译的综合处理工作也称为后端处理，其工作依赖于目标机及中间代码而与源程序无关，包括代码优化和目标代码生成。

尽管编译过程与英文资料翻译的工作过程比较类似，但由于编译程序所翻译的毕竟不是自然语言，因此，就必然有其自身特有的一些工作，比如中间代码的产生、编译过程中信息表的构造与查询，以及运行时存储空间的分配、对语法和语义错误进行必要的处理等工作。

编译程序完成从源程序到目标程序的翻译工作，是一个复杂的、包含一系列处理的整体过程。从概念上来讲，编译程序的整个工作过程可以划分成不同的阶段。图 1.5 给出了编译过程的各个阶段，这是一种比较典型的划分方法。

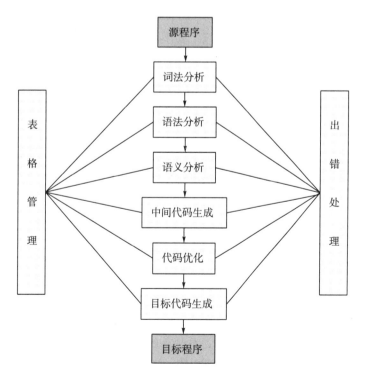

图 1.5 编译过程的各个阶段

　　从图 1.5 可以看出，将一个高级语言书写的源程序编译成目标程序一般需要经历词法分析、语法分析、语义分析、中间代码生成、代码优化和目标代码生成 6 个阶段。另外两个重要工作是表格管理和出错处理，都与这 6 个阶段有联系。编译过程中源程序的各种信息被保存在不同的表格中，编译各阶段都会涉及构造、查找、更新有关的表格，因此要有表格管理的工作；如果编译过程中发现源程序有错误，应及时报告错误的性质和出错位置，并尝试将错误限制在尽可能小的范围内，以便源程序剩余部分能被继续编译下去，这些工作就是出错处理。

　　下面简单介绍编译过程各个阶段的任务。

　　词法分析阶段　　这个阶段的任务是从左到右逐个字符地读入源程序，对构成源程序的字符流进行扫描和分解，从而识别出一个个单词(也称单词符号或符号 TOKEN)。

　　语法分析阶段　　这是编译过程的第二个阶段。语法分析的任务是在词法分析的基础上将单词序列分解成各类语法短语，如"程序""语句""表达式"等。一般这种语法短语也称语法单位，或语法成分，或语法范畴。语法分析所依据的是语言的语法规则，即描述程序结构的规则。通过语法分析确定整个输入串是否构成一个语法上正确的程序。

　　语义分析阶段　　依据语言的语义规则，对语法分析得到的语法结构分析其含义以及应进行的运算，审查源程序中有无语义错误，为代码生成阶段收集类型信息等。

　　中间代码生成　　在进行了上述语法分析和语义分析阶段的工作之后，有的编译程序将源程序转变成一种内部表示形式，这种内部表示形式称为中间代码。

　　代码优化　　其任务是对前阶段产生的中间代码序列进行变换或改造，目的是使生成的目标代码更高效，即省时间省空间。

　　目标代码生成　　其任务是将中间代码变换成特定机器上的绝对指令代码，或可重定位的指令代码，或汇编指令代码。它的工作与硬件系统结构和指令含义有关。

　　上述编译过程 6 个阶段中，中间代码生成和代码优化阶段不是必需的，也就是说在有些编译程序中语义分析后就可直接生成目标代码；有些阶段可以组合起来使用，如语法分析过程中可以不断调用词法分析程序，同时也可以进行语义分析。另外，在对源程序进行词法分析之前还可以进行预处理，剔除源程序中的一些注释和空串等非实质性代码。因此，编译过程的各个阶段只是一种概念上的划分，在编译程序的实际构造过程中往往是统一考虑的。

1.3　编译程序的结构

　　1.2 节所介绍的编译过程 6 个阶段的任务，以及表格管理和出错处理的工作可由相应的程序模块完成，这些模块就组成了一个编译程序。概括起来，一个编译程序由前端和后端组成，前端进行分析，完成词法分析、语法分析和语义分析，前端基本上与机器无关。后端进行综合，完成代码优化和目标代码生成，其工作一般与运行目标程序的计算机密切相关。对应于要完成的各编译阶段的基本工作分别有词法分析程序、语法分析程序(有时简称为分析器)、语义分析程序、中间代码生成程序、代码优化程序、目标代码生成程序；

对于表格管理和出错处理的工作，相应地有信息表管理程序、错误检查和处理程序，这也是典型的编译程序的 8 个组成部分。将这些程序有机地结合起来，从而完成对源程序的编译。图 1.6 展示了编译程序的逻辑结构，以及各组成部分之间的控制流程和信息流程(分别用实线和虚线表示)。

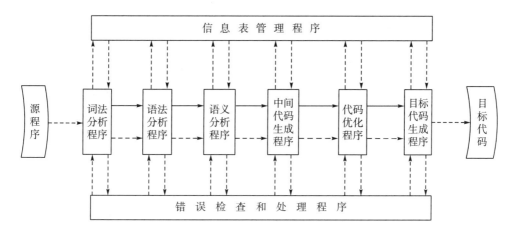

图 1.6　编译程序的逻辑结构

下面，以一个微型 PASCAL 语言(PASCAL/M)所编写的程序为例，分别介绍这 8 个部分的功能，并分别给出每一部分对此程序加工处理可能得到的结果。假定此语言只有如下 4 种语句：

(1) PROGRAM 语句；

(2) 说明语句；

(3) 赋值语句；

(4) BEGIN-END 语句。

每个 PASCAL/M 程序都以一个 PROGRAM 语句开头，此语句中的标识符用来给程序命名；PROGRAM 语句之后是说明语句，用来指明程序中所出现的各个变量的数据类型(假定 PASCAL/M 中只有整型变量)；在一系列说明语句之后，再跟一个 BEGIN-END 语句，在保留字 BEGIN 和 END 之间，应有一个或多个赋值语句。程序 1.1 所示的 PASCAL/M 源程序，对后面的讨论来说是一个比较合适的例子。

程序 1.1　一个 PASCAL/M 源程序 example

```
1    PROGRAM example;
2      {this little example program is used to
3        illustrate compiling procedure.}
4    VAR x, y, z: integer;
5        a: integer;
6    BEGIN
7    {this program has only four statements.}
8    x:=2012+4;
```

```
9   z:=x DIV -3;
10  y:=z+18*3;
11  a:=x+(y-2) DIV 5;
12  END.
```

1.3.1　词法分析程序

词法分析程序也称为词法分析器或扫描器,是编译过程最先使用的程序。作为编译程序的输入,源程序仅仅是一个长长的字符串,词法分析程序将把这种形式的源程序转换为便于编译程序其余部分处理的内部格式。词法分析程序的工作任务如下:

(1)识别出源程序中的各个单词(token);

(2)删除无用的空白字符、回车字符以及其他非实质性字符;

(3)删除注释;

(4)进行词法检查,报告所发现的错误。

现考虑程序 1.1 所示的源程序 example。词法分析程序依次扫描缓冲区中源程序的各个字符,根据当前正查看字符的种类,并参考扫描过程中前面所得到的信息,就能准确地判断当前正扫描的字符在程序中所处的地位。所扫描的字符一般为下述 5 种情况之一:

(1)它是正处理的注释中的一个字符;

(2)它是一个无用的空白字符;

(3)它是下一个单词的首字符;

(4)它是正识别的单词中的一个字符;

(5)它是一个不合词法规则的字符,或者一个不属于本语言字符集的字符。

显然,如果词法分析程序根据上述不同的情况作不同的处理,并产生预定形式的输出,那么,它就能圆满地完成上面所提到的 4 个任务。

图 1.7 给出了词法分析程序对程序 example 进行处理后的一种可能的输出形式。其中,程序中的各个单词已被一一识别出来,并用一个特定的标志符号"#"将相邻的两个单词加以分隔,程序中的非实质性符号已被全部删除。

> # PROGRAM # example # ; # VAR # x # , # y # , # z # : # integer # ; # a # : # integer # ; #
> BEGIN # x # := # 2012 # + # 4 #; # z # := # x # DIV # - # 3 #; # y # := # z # + # 18 # * # 3
> #; # a # := # x # + # (# y # - # 2 #) # DIV # 5 #; # END#. #

图 1.7　example 经词法分析程序处理后的一种输出

这里只是假定把源程序表示为某种有意义的容易理解的形式。事实上,词法分析的输出是作为语法分析的输入,为便于语法分析处理,应设计成更为合适的单词内部格式。一种经常使用的表示形式为二元式(Class,Value)的序偶,其中,Class 为一整数码,用来指示该单词的类别,Value 是单词的值。

对于程序 example 而言,假定可将相应语言的单词符号分为 4 类:①保留字;②专用

符号；③标识符；④整数。而且，用数码 1、2、3、4 分别表示这 4 类单词的种类码，用
单词内部编码表示相应单词的值。则 example 经扫描处理后，所输出的用内部编码格式表
示的二元式串如图 1.8 所示(为便于阅读，用单词符号本身的名字加单引号来表示它们的
内部编码)。

(1,'PROGRAM')(3,'example')(2,';')(1,'VAR')(3,'x')(2,',')(3,'y')(2, ,')(3,'z')(2,':')

(1,'integer')(2,';')(3,'a')(2,':')(1, 'integer')(2, ';') (1,'BEGIN')(3, 'x')(2,':=')(4, '2012')

(2,'+')(4,'4')(2,';')(3,'z')(2,':=')(3,'x')(1, 'DIV')(2,'-')(4,'3')(2, ';') (3,'y')(2,':=')

(3, 'z') (2,'+') (4,'18')(2,'*') (4, '3') (2, ';') (3,'a') (2,':=') (3,'x') (2,'+') (2, '(')

(3, 'y') (2,'-') (4,'2') (2,')') (1, 'DIV') (4,'5')(2,';') (1,'END') (2,'.')

图 1.8　example 经词法分析后的二元式输出

词法分析程序的构造涉及的正规文法和自动机相关知识，将在第 3 章详细介绍。

1.3.2　语法分析程序

语法分析程序也称为语法分析器，它以词法分析程序所输出的用内部编码格式表示的
单词序列作为输入，其任务是分析源程序的结构，判别它是否为相应程序设计语言中的一
个合法程序。为了完成这种分析，一般采用的方法是由语法分析程序试着为源程序中的输
入串(语法单位)构造一棵完整的语法树。如果这种尝试成功，就表明该输入串在结构上的
确是一个合乎语法的句子，否则，源程序中就必然存在语法错误。通常，这种语法树实质
上是一个有标记的有序树形结构，它的叶子上的标记是程序中的各个单词，而其内部结点
(包括根结点)上的标记，则是程序设计语言的有关语法单位，即语法范畴。

例如，对于程序 example 中的第 1 条赋值语句 x:=2012+4，可构造如图 1.9 所示的语
法树。

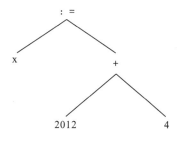

图 1.9　x:=2012+4 的语法树

对源程序的语法分析工作，是在相应程序设计语言的语法规则指导下进行的。语法规
则描述了该语言的各种语法成分的组成构造，通常可以用上下文无关文法(CFG)或与之等
价的 Backus-Naur 范式(BNF)将一个程序设计语言的语法规则确切地描述出来，而且整个
语法分析过程能够按照此种语法规则有序地进行。上下文无关文法的定义及其有关问题将

在第 2 章详细介绍。

　　语法分析是一个相当复杂的过程。语法分析方法可分为自顶向下分析法和自底向上分析法两大类，自顶向下分析法是一个由文法开始符号推导出输入串的过程；自底向上分析法则是一个将输入串归约到文法开始符号的过程。根据不同的语法分析方法，可以设计构造不同的语法分析程序。第 4 章和第 5 章将用相当大的篇幅来讨论有关语法分析方面的问题。

1.3.3　语义分析程序

　　实现语义分析的程序称为语义分析程序，也称为语义分析器。与人类使用的自然语言类似，对任何一种程序设计语言来说，它都具有两方面的特征，即语法特征和语义特征。前者用来定义语言各语法成分的形式或结构，后者则用来规定各个语法成分的含义和功能，即规定它们的属性或在执行时应进行的运算或操作。因此，在编译过程中也需要对源程序进行语义分析。例如，对源程序 example，经语法分析后，虽然明确了程序的语句组成结构，但并不知道其中所出现的一些标识符的属性和含义，更不知道各语法成分具有何种功能，只有经过语义分析之后，才能知道各语法成分的含义和用途，以及应进行何种运算及运算结果。程序 example 中的第 1 条赋值语句 x:=2012+4，经语法分析后构造出如图 1.9 所示的语法树，经语义分析后，就知道这是一个加法运算，计算出和 2016，并将其赋值给变量 x。

　　在进行语义分析的过程中，还应进行相应的语义检查，以保证源程序在语义上的正确性。通常，所需进行检查的项目是十分复杂的。例如，对常用的一些语言来说，需要检查说明语句中是否有矛盾的类型说明(如将同一个变量说明成两种不同的类型)；在表达式中，是否有未经说明的变量，对某些运算符而言，是否有类型不匹配的运算对象；在过程调用中，实在参数与形式参数是否在个数、次序、类型等方面按相应语言的规定进行对应等。

　　对于某些特定的程序语言，人们已研究出形式化的方法来描述其语义。但对一般程序语言的语义迄今还没有一种公认的通用方法来形式化地描述它们，在多数情况下，人们不得不采用一种半自动的方法来解决语义分析方面的问题。当前比较流行的是一种所谓"语法制导翻译"的方法，这种方法把编译程序的语法分析和语义分析有机地结合起来，为文法中的每一条产生式编写一个语义子程序(即语义规则描述的语义动作)，在推导或归约过程中利用这些语义子程序进行语义分析。语义分析和语法制导翻译方面的问题将在第 6 章和第 7 章进行讨论。

1.3.4　中间代码生成程序

　　中间代码生成程序也称为中间代码生成器。为了表示和处理上的方便，特别是为了便于代码的优化，通常在语义分析后不直接产生机器语言或汇编语言形式的目标代码，而是生成一种介于源语言和目标语言之间的中间语言代码，例如对 JAVA 语言编译后产生的不是机器语言代码，而是一种称为 bytecode 的中间代码。

中间代码是一种结构简单、含义明确的记号系统，这种记号系统可以设计为多种多样的形式。目前常见的中间代码形式有逆波兰表示、三元式、四元式及树形结构等。很多编译程序采用了一种近似"三地址指令"的"四元式"中间代码，这种四元式的形式为:(运算符，运算对象 1，运算对象 2，结果)。

例如，对于源程序 example 中的第 4 条赋值语句 a:=x+(y-2) DIV 5，其对应的逆波兰表示可以写成:

```
axy2-5DIV+:=
```

而 a:=x+(y-2) DIV 5 的中间代码四元式序列可以写成:

```
100  (-, y, 2, t1)
101  (DIV, t1, 5, t2)
102  (+, x, t2, t3)
103  (: =, t3, -, a)
```

中间代码的产生是与语义分析紧密相连的。但由于迄今对程序语言的语义描述还没有一个公认的形式化系统，因此，对编译程序中间代码生成部分的设计，在一定程度上仍凭借经验完成。对于采用语法制导翻译的编译程序，通常的做法是将产生中间代码的工作交给语义过程来完成，即每当一个语义过程被调用而对相应的语法结构进行语义分析时，它就根据此语法结构的语义，并结合在分析时所获得的语义信息，产生相应的中间代码，再把后者放到中间代码的序列中去。中间代码生成的有关问题将在第 7 章进行详细讨论。

1.3.5　代码优化程序

代码优化程序也称为代码优化器。为了得到质量较高的目标代码，常常在中间代码生成和目标代码生成两个阶段之间，插入一个代码优化的处理阶段。这里所说的目标程序的质量，通常有两个衡量的标准:一个是目标程序所占用存储空间的大小，即空间指标;另一个是目标程序运行时所需的时间，即时间指标。一个目标程序占用的空间越小、执行时间越短，则通常认为其效率越高、质量越好。一般地，一个不进行优先处理工作的编译程序所产生的目标程序，其质量是比较低的。

从理论上说，代码优化既可以对编译过程的中间代码进行优化，也可以对目标代码进行优化，本书主要讨论对中间代码进行优化的方法和技术。代码优化所涉及的范围很广。如果从与具体计算机的关系上看，可分为与机器无关的优化和与机器相关的优化;如果从与源程序的关系看，又可分为局部优化和全局优化。应当指出，对于一个进行优化处理工作的编译程序而言，虽然它在工作时可得到质量较高的目标程序，但是却以增加编译程序本身的时空复杂度和可靠性作为代价。另外，也有这样一些优化项目，它们在时间效率和空间效率上是相互矛盾的。故在设计一个编译程序时，究竟应考虑哪些优化项目以及各优化项目进行到何种程度，应权衡利弊，根据具体情况而定。

例如，源程序 example 中的第 4 条赋值语句 a:=x+(y-2) DIV 5 的中间代码四元式序列经优化后可以写成：

```
100  (-, y, 2, t1)
101  (DIV, t1, 5, t2)
102  (+, x, t2, a)
```

可以看出，临时变量由原来的 3 个减少为 2 个，并且四元式由原来的 4 个减少为 3 个。代码优化技术将在第 9 章进行详细讨论。

1.3.6　目标代码生成程序

目标代码生成程序也称为目标代码生成器，它接受语义分析（或优化处理）之后所产生的中间代码，并结合在前面各阶段对源程序进行分析和加工所得到的有关信息，将中间代码翻译为机器语言或汇编语言形式的目标代码。如果对源程序的编译不设置中间代码生成阶段，则在语法和语义分析之后将直接产生目标程序。

目标代码生成工作不仅与源语言的特性相关，也与目标代码运行的目标计算机密切相关，机器指令格式、字长及寄存器的数量和种类都会影响目标代码的生成。因此，对于不同的程序语言和不同的目标机器，相应地有不同的目标代码生成程序。

在设计目标代码生成程序时，首先需要确定源语言的各种语法成分（或中间语言各种结构）的目标代码结构，即确定源语言或中间语言的每一结构所对应的机器指令组成或汇编语句组成（称为框架）。框架在结构上比较固定，但其中也包含有某些待定部分，需要在生成具体的目标代码时，根据各语法成分在源程序中的确切形式和有关的参数加以确定。在确定了各种语法结构的目标代码之后，接着就需要针对不同的情况，制定从中间代码到目标代码的翻译策略或算法，然后据此编写出目标代码生成程序。在制定此种策略或算法时，总的要求是所生成的目标代码有较高的执行效率。为此，应该做到：一是使所生成的目标代码尽可能短；二是充分发挥计算机可用资源的效率。例如，尽量使用执行速度快的指令；充分利用计算机的寄存器，以节省访问内存所用的时间等。总之，编写目标代码生成程序这部分工作对具体计算机的依赖很强，工作内容也比较杂乱琐碎。

通常，目标代码可选择如下三种形式中的一种。

（1）具有绝对地址的机器指令代码。它们在内存中有固定的存放位置，编译程序在生成这种形式的目标代码之后，可立即投入运行。

（2）具有浮动地址的机器指令代码。允许分别将各个模块编译成一组可重新定位的机器语言程序，需经连接装配程序将它们和另外一些运行子程序连接装配之后才能投入运行。

（3）汇编语言形式的目标程序。此种形式的目标程序需经汇编程序进行汇编，以产生相应的机器代码。它的好处是简化了代码生成过程、增强了目标代码的可读性。

例如，对于源程序 example 中的第 4 条赋值语句 a:=x+(y-2) DIV 5 所生成的 80X86 汇编语言形式的目标代码如下：

```
MOV R1, y
MOV R2, #2
SUB R1, R2
```

```
DIV R1，#5
MOV R2，x
ADD R2，R1
STO a，R2
```

以上目标代码生成过程中只使用了两个寄存器 R1 和 R2，若使用更多的寄存器则结果会有所不同。对这种形式的目标代码只需使用某种 80X86 汇编程序就可将其转换成相应的机器语言代码。代码生成的相关问题将在第 10 章进行讨论。

1.3.7 信息表管理程序

信息表管理程序也称表格管理器。在编译过程中，需要经常收集、记录或查询源程序中所出现的各种标识符的有关属性(信息)。为此，编译程序需要建立并维护一些不同用途的表格(如常数表、各种名字表、循环层次表等)，通常将它们统称为符号表。另外，视采用编译方法的不同，在编译过程中，还将保持一些专用的表格，如状态转换表、优先关系矩阵表、LL 分析表、LR 分析表等，这些表格配合相应的编译算法进行工作。

一般而言，在编译过程的各个阶段，都必须进行频繁的造表和查表工作，而且这些工作将占去相当大的一部分编译时间。因此，合理地组织编译程序中的各种表格，并恰当地选用相应的表格建立和更新算法，是提高编译程序工作效率的有效途径之一。表格的建立和更新工作是由信息表管理程序完成的。

符号表通常由若干个记录组成，每个记录都对应于表中的一个登记项(entry)，而每个登记项又由若干个字段组成，分别用来存放该符号的名字及与之相关联的信息。其中，名字字段中所存放的标识符，常常被用作检索符号表的关键字。例如，源程序 example 中所说明的变量的符号表如表 1.2 所示。从表中可看出，变量的信息包括变量所处的层次位置、变量的类型、长度、值、地址等，其中层次位置是指定义该变量的程序在所有程序执行过程中的层次，主程序为第 0 层，其直接调用的子程序为第 1 层，以此类推。

表 1.2 example 的变量表结构

名字	变量信息				
	层次位置	类型	长度	值	地址
x	0	int	2	2016	…
y	0	int	2	−618	…
z	0	int	2	−672	…
a	0	int	2	1892	…

在编译程序中，造表和查表的工作由一组专用的程序完成，它们被分别安插在编译程序的有关部分，这一组程序就组成了相应编译程序的表格管理系统。第 6 章将针对一些常见程序设计语言的特点，分别介绍符号表的组织以及相应表格的建立及更新方法。

1.3.8 错误检查和处理程序

错误检查和处理程序(诊断程序)也称错误处理器。软件开发人员在编写程序时，产生错误是难免的。编译程序主要有两个功能：一是检查和处理源程序中的错误，二是将没有错误(主要是语法错误，很多语义错误在编译阶段无法发现)的源程序翻译成目标代码，因此一个仅能处理绝对正确源程序的编译程序并无实用价值。一个较完善的编译程序应有广泛的程序查错能力，并能准确地报告源程序中错误的种类及出现的位置。同时，编译程序还应具有一定的"校错"能力。这些功能是由错误检查和处理程序完成的。

除报错外，错误处理程序还可生成一些另外的注释性信息，这些信息将有助于软件开发人员维护程序及编写程序说明书。例如，常见的两种辅助手段是根据请求打印"对照图"和输出各变量之值。对源程序 example 而言，其标识符的名字、类型和引用行号的对照图如表 1.3 所示。

表 1.3　根据源程序 example 输出的对照图

名字	类型	引用行号
example	entry	1
x	integer	4，8，9，11
y	integer	4，10，11
z	integer	4，9，10
a	integer	5，11

源程序中的错误一般有以下几类。

(1)词法错误：编译程序在词法分析阶段发现的错误。例如，关键字(保留字)拼写错误，无效标识符，非法字符等。

(2)语法错误：编译程序在语法分析阶段发现的错误，即源程序中的某语法成分不符合语法规则。例如，表达式中的括号不匹配，条件语句中的"else"没有对应的"if"相匹配，一个语句后面缺少了分隔符"；"等。

(3)语义错误：源程序中的语义错误有两类：一类是在编译时可以发现的静态语义错误，例如，变量未说明或重定义、二目运算符的两个运算分量类型不相容等；另一类是在目标程序运行时才能发现的动态语义错误，这类错误往往是逻辑性的，例如，控制条件不正确、a+100 错写成了 a*100 等。

(4)超越系统限制的错误：由计算机软硬件系统的限制而导致的错误。例如，数组下标越界、if 语句嵌套层数过多、计算结果溢出等。

由此可以看出，在编译的各个阶段都可能有程序错误诊断的问题，而且所涉及的内容或项目广泛，因此，目前还没有一种统一的方法能够系统地解决整个程序诊断方面的问题。通常的做法是，在编译系统的各个部分，视编译工作的进程和需求，分别插入一些程序段落来进行有关程序诊断方面的工作。这些程序段落的总体就组成了该编译系统的错误检查和处理程序或诊断程序。

1.3.9　编译程序的分遍

综上，根据一个典型的编译程序所应具有的功能，将其划分为 8 个组成部分(程序)，简要介绍了各个部分应完成的基本工作，并指出了这 8 个部分间的相互关系。然而，需要注意的是，上面所说的各部分之间的关系，是指它们之间的逻辑关系，而不一定是执行时间上的先后顺序。事实上，可按不同的执行流程来组织上述各部分的工作，这在很大程度上依赖于编译过程中对源程序或其内部表示扫描的遍数，以及如何划分各遍所进行的工作。

此处所说的"遍"，是指对源程序或中间代码程序从头到尾扫描一次并进行有关的加工处理工作。在一遍中，可以完成一个或相连几个逻辑步骤的工作。编译过程可以由一遍或多遍编译程序来完成。

例如，对于要求经一遍扫描就能完成从源程序到目标代码翻译的编译程序，可以以语法分析程序为中心来组织它的工作流程，如图 1.10 所示。显然，整个编译程序只对源程序进行一次扫描，故不必产生中间代码。

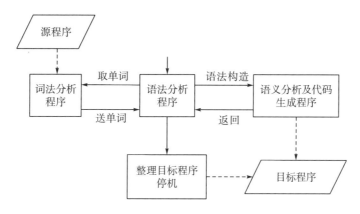

图 1.10　以语法分析程序为中心的编译程序逻辑结构

一遍扫描的编译程序是一种极端情形。在这种情形下，整个编译程序同时驻留在内存中，编译程序的各部分之间采用"调用—返回—转接"方式连接在一起。

对于某些程序语言，例如 PASCAL 和 C，用一遍扫描的编译程序去实现比较困难，宜于采用多遍扫描的编译程序结构。具体的做法是将整个编译划分为若干个相继执行的模块，每一模块都将对它前一模块的输出扫描一遍，并在扫描过程中完成前述 8 个部分的一个或几个部分，然后将工作的结果供下一模块加工。显然，第一模块所扫描的是字符串形式的源程序，最后一个模块所输出的是目标代码，每一中间模块输出的是源程序等价的内部表示或中间代码。例如，可以把词法分析作为第一遍，语法分析和语义分析作为第二遍，代码优化作为第三遍，代码生成作为第四遍，从而构成一个四遍扫描的编译程序。

在设计一个编译程序时,是否需要分遍,如何分遍,主要取决于源语言的具体情况及编译程序运行的具体环境,如源语言的简繁、编译程序功能的强弱、目标程序优化的要求、计算机各种软硬件的配置等。一般而言,当源语言较繁、编译程序功能较强、目标程序优化程度较高且宿主机存储容量较小时,宜采用多遍扫描方式。

多遍扫描方式具有如下优点。

(1)由于采用了模块结构,各遍扫描的功能相对独立,整个编译程序的结构比较清晰。

(2)由于对源程序及其内部表示进行多次扫描和加工,有利于进行比较细致和充分的代码优化处理。

(3)由于可将编译程序按模块逐次调入内存,有利于采用覆盖技术,以减少编译程序所占的内存空间。

多遍扫描方式的不足之处是不可避免地做些重复的工作,且多遍工作之间有一定的交接工作,因而增加了编译程序的长度和编译时间。

由于分遍问题对具体语言及编译程序的运行环境有很强的依赖性,因此本书不再详细讨论这一问题,仅在个别有关的地方稍有提及。

1.4 解 释 程 序

编译程序将一种高级语言所写的源程序转换成等价的可执行目标程序,其目标代码的形式及目标机各种各样,但编译程序的功能始终是进行翻译工作。事实上,还有一种语言处理程序,称为解释程序,它执行程序但不做翻译,也就是说用高级语言编写的程序也可以通过解释程序来执行。解释程序也以源程序作为输入,与编译程序的主要区别是在解释程序的执行过程中不把源程序翻译成可执行的目标代码,而是解释执行源程序本身。解释程序的工作过程如图 1.11 所示。

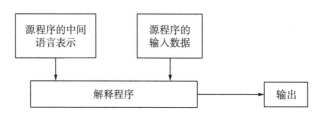

图 1.11 解释程序的工作过程

不同于编译程序,解释程序把源程序的某种中间语言表示当成自己的输入,源程序原来的输入也是解释程序的一部分输入,因而可对源程序进行处理。程序执行时的控制点在解释程序之中,而不在用户源程序中。

解释程序具有以下优点。

(1)结构简单,占用内存小。解释执行方式不需要把源程序翻译成目标代码,因此解释程序的结构相比编译程序的结构要简单得多,解释程序采用边翻译边执行的方式,内存空间可以采用覆盖技术反复使用，所以占用内存小。

(2)在执行用户程序时可以修改该程序。它提供了一种直接的交互调试、修改能力，这种修改对于像 APL、BASIC 这样的非分程序结构的语言是比较容易的，因为修改个别语句并不需要分析整个程序。

(3)对象的类型可动态地修改。随着程序的执行，符号的意义可以变化，例如，在某一点它是整型变量，而在另一点，它可以是一个字符数组。这种符号类型的动态确定，编译程序很难处理。

(4)提供良好的诊断信息。解释程序执行时，把程序的执行与源程序行文的分析交织在一起，因而可以在诊断信息中，给出出错点的源程序行号、变量的符号名，还可对变量交互赋值。这些工作对编译程序来说是比较困难的。

解释程序的缺点主要是开销大、工作效率低。主要体现在两个方面。一是空间上的开销，解释程序要保存大量支撑子程序，源程序不能按紧凑方式存放，符号表及程序行文的存放格式都要易于使用和修改，而无法考虑空间的节省。因此，一般解释程序对程序规模、变量个数、过程个数等都有一定的限制。二是时间上的开销，解释程序在执行时要连续多次重新对程序行文进行分析考察，包括标识符的绑定、变量类型及操作的确定。这种考察的时间开销是巨大的，对于极为动态的语言，如 APL，同编译程序相比，速度上可能达到 1∶100；对于比较静态的语言，如 BASIC，速度之比约为 1∶10。

基于以上原因，纯粹的解释程序并不多见，通常的做法是把编译和解释做某种程度的结合。例如，有的先将源程序翻译为某种易于进行解释执行的内部中间语言形式，然后再对此中间语言程序进行解释执行；有的甚至在进行上述解释时，还对一部分出现比较频繁的结构(如算术表达式等)产生目标代码。事实上，编译与解释并非总有明显的分界线。有一些语言，如 BASIC、LISP、PASCAL 等，既有解释程序，又有编译程序。前者用于程序开发与调试，后者用于程序运行。也就是说，解释程序包含某种形式的"翻译"；编译程序也可包含某种层次上的"解释"，例如，在翻译阶段可以产生某种虚拟机代码，这种代码可由软件或硬件解释。在采取上述这些措施后，解释程序执行效率不高的缺陷将有可能得到部分弥补。

1.5　编译程序的评价指标与构造技术

编译程序是一个复杂的软件系统，设计和构造一个编译程序是一项艰巨的任务，面临诸多挑战，开发工作量往往达到数百甚至上千人每年。一个优秀的编译程序把来自形式语言理论、数据结构与算法、人工智能、软件工程、计算机体系结构以及程序设计语言理论的思想结合，并把它们运用于翻译程序的任务。本节简要讨论编译程序的评价指标和编译程序的构造技术。

1.5.1 编译程序的评价指标

构造一个什么样的编译程序才是一个好的编译程序？编译程序的基本原则告诉我们编译程序必须做什么，然而这些原则却不能对一个编译程序应有的所有性质和行为给出描述。特定的编译程序拥有自身的优势和局限，往往根据 5 个不同的性能来评价编译程序。

1. 速度(speed)

现实情况总会要求某些应用程序具有更高的性能。例如，模拟像微处理器这样的数字电路的能力总是远远落后于对这样的模拟要求。类似地，诸如气候建模问题、并行处理问题等都需要大量的计算。对这类大型应用程序，编译后得到的目标代码的执行效率至关重要，获得可预期的好性能需要编译时的额外分析和转换，因此需要更长的编译时间。

2. 空间(space)

很多应用软件对编译代码(编译后产生的代码)的大小有严格的限制，这些限制往往来自物理因素或经济因素。例如，个人计算机的能量消耗部分地依赖于它所拥有的内存大小。从网格计算到嵌入了 Applet 的网页等各种环境在程序代码运行之前都要在计算机之间传递可执行代码，如采编译代码过大将会增加额外的空间开销。精心设计编译程序可以期望生成节省空间的紧凑代码，然而，紧凑代码执行时花费的时间可能更多。

3. 反馈(feedback)

当编译程序在编译源程序过程中发现错误时，应能及时将出错信息报告给编程人员。不同的编译程序对所发现错误的处理方式有很大的差别。例如，早期的 UNIX 编译程序仅仅生成一个简单而统一的提示信息"语法错误(syntax error)"；而作为另一个极端，Cornell PL/C 系统和 UW-Pascal 系统则被设计成"学生"编译程序，它们试图改正源程序中的每一个语法错误，然后再编译它。

4. 调试(debugging)

在实际软件开发过程中，大多数程序不能在第一次编译后就能马上正确地运行，或多或少可能存在一些错误，所以需要对源程序进行调试。如果调试器试图把出错的可执行代码的状态与源程序代码联系起来，就需要进行复杂的程序转换工作。因此，设计编译程序时既要考虑所产生的目标代码的执行效率，又要考虑调试器的透明度。

5. 编译时效率(compile-time efficiency)

编译程序的使用频率非常高。在很多情况下，程序员需要等待编译结果，特别是当程序比较大或代码质量出现严重问题时，等待编译结果的时间会更长。所以，在设计和构造编译程序时，应仔细考虑编译程序的运行效率。

1.5.2 编译程序的构造技术

前面提到，编译程序是一个复杂的软件系统。随着计算机软硬件技术的快速发展，编译程序的构造技术也不断发展，归纳起来有以下几种。

1. 用程序设计语言编写编译程序

前面已经讨论过源语言和目标语言在编译程序结构中的决定因素，以及将源语言和目标语言分为前端和后端的作用，但却未提到编译程序构造过程中涉及的另一语言：编写编译程序本身使用的语言。最初构造编译程序时，为了使该编译程序能在某台计算机上立即执行，只能使用机器语言编写，这种方式开发效率比较低。现在更为合理的方法是用一种已存在编译程序的高级语言来编写新语言的编译程序，例如，语言 A 的编译程序已经存在，要为新语言 B 构造一个编译程序，则可用语言 A 编写语言 B 的编译程序(源程序)，经语言 A 的编译程序编译后，就得到语言 B 的可执行编译程序(目标程序)。该工作过程如图 1.12 所示。

图 1.12 用语言编写编译程序

使用某种编程语言来编写一个完整的编译程序是最原始、最直接的方法，在编译器的实际构造过程中，还可以与以下介绍的其他方法结合起来使用。

2. 编译程序的自展技术

20 世纪 60 年代有人开始使用自展技术来构造编译程序，特别是在 1971 年用自展技术生成 PASCAL 编译程序之后，其影响越来越大。

自展的思想是先用目标机的汇编语言或机器语言编写源语言的一个子集的编译程序，然后再用这个子集作为编写语言，实现源语言的编译程序。如果把这个过程根据情况分成若干步，像滚雪球一样直到生成预期源语言的编译程序，这样的实现方式称为自展技术。

对于具有自编译性的高级语言，可运用自展技术构造其编译程序。假设要构造一个新语言 L 的编译程序，需要把源语言 L 分解成一个核心部分 L_0 与 n-1 个扩充部分 $L_1, L_2, \cdots, L_{n-1}$，先用目标机的汇编语言或机器语言书写 L_0 的编译程序，然后再用 L_0 编写 L_1 的编译程序，用 L_i 编写 L_{i+1} 的编译程序(i=1, 2, $\cdots$, n-2)，最后用 L_{n-2} 编写 L_{n-1} 的编译程序，从而得到源语言 L 的编译程序。该自展过程如图 1.13 所示。

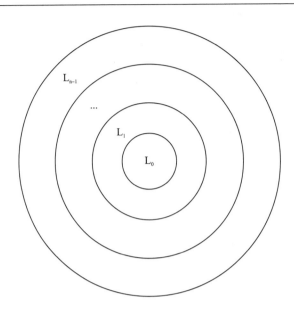

图 1.13　由自展技术构造编译程序

在这个自展过程中，除了 L_0 的编译程序是用低级语言编写的之外，$L_1, L_2, \cdots, L_{n-1}$ 的编译程序都是用高级语言编写的。所以，利用自展技术构造编译程序可以在很大程度上提高开发效率。

3. 交叉编译与编译程序的移植

由于现代计算机系统硬件平台呈现复杂性和多样性，一个高级语言往往需要在不同的目标机上实现，这就提出了如何把已在某机器上实现的一个高级语言的编译程序移植到另一个目标机上的问题。软件移植是把某个机器(称为宿主机)上的软件系统搬迁到另一个机器(称为目标机)上的过程，经移植后的软件可以实现同样的功能。例如，上面介绍用自展技术在 A 机器上实现了 L 语言的编译程序，如果想在 B 机器上实现 L 语言的编译程序，尽管也可以用自展技术实现，但更希望能利用 A 机器上已有的 L 语言的编译程序实现 B 机器上的编译程序，从而缩短开发时间，这就可以通过软件移植技术来实现。在软件移植过程中常会用到交叉编译技术。交叉编译是指把一个源语言在宿主机上经过编译而生成目标机的汇编语言或机器语言。

前面介绍过，编译程序可分为前端和后端，移植时，只需重写编译程序后端的代码即可，前端与具体机器无关，可以不加修改地直接使用。所以，通过移植已有编译程序到新的目标机，可以重用前端代码，减少了构造编译程序的工作量。

4. 编译程序的自动构造技术

由于高级语言具有自编译性，既可以用这个语言来编写自己的编译程序，也可以用这个语言编写其他高级语言的编译程序。这样人们可以通过使用高级语言实现编译程序各遍的算法的方法，尝试解决"编译自动化"的问题。

　　20 世纪 70 年代，随着诸多种类的高级语言的出现和软件开发自动化技术的提高，编译程序的构造工具陆续诞生，如贝尔实验室推出的词法分析器 LEX（lexical analyzer）和编译器代码生成器 YACC（yet another compiler-compiler）至今仍非常流行，被嵌入在很多实用的编译系统中。

　　LEX 是一个具有代表性的词法分析程序（扫描器）的自动生成器，其基本思想是由描述 3 型语言的正规表达式构造有穷自动机（该内容将在第 2 章详细介绍）。LEX 的输入是正规表达式，输出是一个相应正规表达式的词法分析程序。LEX 的功能如图 1.14 所示。

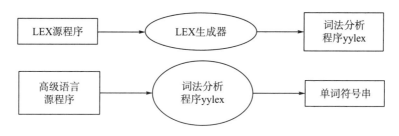

图 1.14　LEX 的功能示意图

　　LEX 可以借助宿主语言 C 来描述动作，它自动地把表示输入串词法结构的正规式及相应的动作转换成一个宿主语言的程序，即词法分析程序 yylex。yylex 通常是一个 C 语言程序，经 C 编译器编译后可直接运行，其功能就是对高级语言的源程序输入串进行扫描，识别出单词符号 TOKEN，并可做相应的动作。

　　YACC 是 1975 年由约翰逊（Johnson）开发的一个语法分析程序的生成器，它接受一个用 BNF 描述的 2 型语言（上下文无关语言）的语法规则（该内容将在第 2 章详细介绍），且语法满足 LALR(1) 文法的要求（该内容将在第 5 章详细介绍），自动生成相应的 LALR(1) 分析表，与它的驱动程序和分析栈结合构成一个 LALR(1) 分析器 yyparse。由 YACC 生成的语法分析程序 yyparse 可以和词法分析程序连接起来一起工作，当需要单词符号时调用名为 yylex 的词法分析程序即可。YACC 工作示意图如图 1.15 所示。

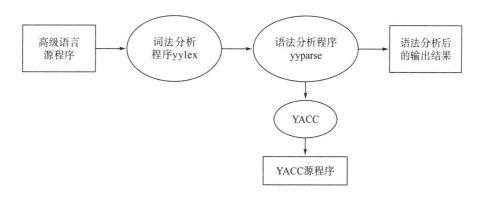

图 1.15　YACC 工作示意图

在 YACC 源程序中，除了 BNF 描述的 2 型语言的语法规则外，还可以包括当这些语法规则被识别出来时需完成的语义动作，这些语义动作可由一段 C 语言编写的语义子程序描述，以指定相应的语义操作，如建立和维护符号表、进行语义检查、生成语法树和代码等。

理想化的编译程序自动生成器应该具有这样的功能：输入源语言的规格说明、语义描述和目标机的规格说明，输出该语言的编译程序。然而，目前编译程序的生成器大都主要用于开发编译程序的前端，即词法分析程序和语法分析程序（如 LEX 和 YACC），而对于编译程序的后端，即与目标机有关的代码生成和代码优化部分，由于对语义的形式化描述和目标机规格说明方面所存在的困难，虽有一些生成工具被研制出来，但还没有被广泛应用。

1.6　程序设计语言范型

语言是人们最重要的交际工具。人类在漫长的发展过程中，为了交流思想、表达感情和传递信息，逐步形成了语言。据人类学家统计，世界上现存语言有 6000 多种，这类语言通常称为自然语言（natural language），如汉语和英语。另外，人们为了某种用途，又发明了各种不同的语言，如哑语、旗语等，这类语言有别于人类在长期交往中形成的自然语言，它是由人设计创造的，故称为人工语言（artificial language）。专门用于计算机的各种人工语言称为程序设计语言（programming language）。

在 1.1 节中简单介绍过，程序设计语言可分为低级语言和高级语言，而编译程序的作用就是要把高级语言编写的源程序翻译成低级语言的目标代码，本书的目的就是讨论程序设计语言的编译程序的设计与实现。这个问题又同程序设计语言的特征和结构等性质有密不可分的关系。许多新的程序设计语言的特征对编译程序设计的影响是显然的，例如，面向对象语言的信息隐蔽、数据抽象、类继承要求给编译程序设计提出了新的课题。程序设计语言的不同特征和结构源于设计该语言所依赖的理论基础或计算模型的不同，从其支持的计算模型来看，程序设计语言一般可归纳为以下几种范型。

(1) 强制式语言（imperative language）也称命令式语言或过程式语言，其基础是冯·诺依曼模型，这类语言具有三大特性：存储器、赋值操作和重复。强制式语言都可以翻译成典型计算机的机器语言，这包括从 20 世纪 50 年代中期以来曾经或正在流行的FORTRAN、ALGOL60、COBOL、ADA、PL/1、PASCAL、C 等程序设计语言。

(2) 函数式语言（functional language）是以数学函数模型为基础，而不是以冯·诺依曼的存储器、赋值操作和重复为基础的语言，该模型支持并发执行。虽然函数式语言的编译程序也存在，但它们不是完全的翻译，留下一些不能翻译的东西在运行时刻进行解释。例如，美国哈佛大学的肯尼思·艾弗森（Kenneth Iverson）于 20 世纪 50 年代末设计的 APL 语言和约翰·麦卡锡（John McCarthy）于 1960 年提出的 LISP 语言都属于函数式语言。

(3) 逻辑式语言（logical language）的设计基础是数理逻辑谓词演算模型，与函数式语言一样，该模型也支持并发执行。该类型语言以陈述式方法（谓词）描述问题、确定目标，并依赖系统内部搜索出对目标的证明（解）。命令式方法使人们更注重如何用基本操作构造出问题求解的程序，而陈述式方法则使人们更专心于问题本身，也就是把精力较多地集中在需求分析阶段。因而在处理软件生产的关键问题方面，陈述式语言比命令式语言更有效。当然，在执行效率方面，陈述式语言要比命令式语言低。数据库语言(如 SQL)、SETL 和 SNOBOL4 都是陈述式语言，但它们都还不是逻辑式语言。诞生于 20 世纪 70 年代初的 Prolog 语言是一种典型的逻辑式语言。

(4)面向对象语言(object-oriented language)也称为对象式语言，其设计基础是抽象数据类型模型，具有信息隐蔽、数据抽象、动态绑定和继承等特性。与传统的过程式语言相比，面向对象语言有许多优点。例如，信息隐蔽和数据抽象增加了软件的可靠性，并可以将软件说明与具体实现分离开来；继承与动态绑定相结合可以实现代码重用，因而可以提升软件的生产效率。由阿兰·卡恩(Alan Kan)领导的研究小组于 20 世纪 80 年代初设计的 Smalltalk 是最早的比较完善的面向对象语言；随后的 C++在过程式语言 C 的基础上扩充面向对象概念而成为实用的面向对象语言；1995 年 5 月 Sun 公司发布的 JAVA 语言是一个适用于互联网网络编程的面向对象语言，具有静态类型、可扩充、可移植、多线程等特点；微软公司在 2000 年 7 月发布的 C#是专门为.NET 的应用而开发的面向对象程序设计语言。C#继承了 C 语言的语法风格，同时又继承了 C++的面向对象特性，它吸收了 C++、Visual Basic、DELPHI、JAVA 等语言的优点，体现了最新的程序设计技术的功能和精华。由于面向对象语言具有诸多优点，已逐渐成为主流编程语言，本书将在第 13 章讨论面向对象语言的编译问题。

本章简要地介绍了编译程序的概念、结构、功能、工作流程以及相关的一些问题。由于编译程序进行翻译的对象是用高级语言所写的源程序，因此，将在第 2 章首先讨论语言的文法描述和句型分析等问题，然后再按图 1.6 所示编译程序的逻辑结构，在后续的各章中分别介绍编译程序各个部分的构造原理和实现方法。

习　题

1.1　简要解释源程序、目标程序、翻译程序、汇编程序和编译程序的概念。

1.2　高级程序设计语言为何需要翻译程序？

1.3　高级程序设计语言有哪两种执行方式？各有何特点？

1.4　哪些语言是解释执行的语言？哪些语言是编译执行的语言？

1.5　编译过程包括哪几个阶段？各阶段的主要功能是什么？

1.6　试叙述编译程序的结构和组织方式。

1.7　什么是编译程序的前端和后端？这样划分有何好处？

1.8　编译过程中为什么要进行错误检查和处理？源程序中的错误一般有哪几类？

1.9　什么是遍？多遍扫描方式有何优点和不足？

1.10　试阐述一个优秀编译程序应具有的特点。

1.11　简述编译程序的自展技术、移植技术和自动构造技术。

1.12　程序设计语言有哪些范型？各有何特点？

第 2 章　文法和语言

自计算机诞生以来，形式语言与自动机理论已成为计算机科学中的一个重要分支，ACM 图灵奖获得者霍普克罗夫特(J.E.Hopcroft)曾说："在不了解语言及自动机理论的技术和结果的情况下，就不能对计算机科学进行严肃的研究。"形式语言理论由乔姆斯基(N.Chomsky)于 1956 年首先提出，是指用数学方法研究自然语言和人工语言的语法的理论，主要讨论语言和文法的形式化定义以及语言和文法的分类。

一个程序设计语言的完整定义应包括语法和语义两个方面。一个语言的语法是指一组规则，用它可形成和产生该语言的语句(句子)；语义是指语言形式所表现出来的全部意义，即由语法规则产生的句子的含义。要构造一个编译程序，需要理解被编译的程序设计语言的结构(词法和语法)及其含义(语义)，也就是说必须弄清用什么方法或理论来描述源语言的词法规则、语法规则和语义规则。正规表达式和有限自动机是一种较好的词法规则描述工具，本书将其作为词法分析的理论基础；文法是阐明语法的一个有效工具，这是形式语言和自动机理论的基本概念之一，上下文无关文法足以描述现今大多数程序设计语言的语法规则，本书将其作为语法分析的理论基础加以讨论；描述语义比描述语法困难得多，目前仍无一种公认的形式语义系统来自动构造编译程序。

本章介绍形式语言理论中的一些最基本的概念和基础知识，给出文法和语言的形式化定义，重点讨论上下文无关文法及其句型分析中的有关问题。

2.1　符号和符号串

众所周知，英文是由语句或句子的集合组成的，语句或句子是由单词和标点符号的集合构成的，而单词是定义在大小写字母表上的。类似地，程序设计语言编写的程序是由语句和符号的集合组成的，例如 PASCAL 语言程序可以由声明语句、赋值语句、if 语句、begin-end 复合语句等组成。从编译的角度看，每一程序都是一个"符号串"。设有一基本符号集，那么任何一种语言都可看成是在这个基本符号集上定义的、按一定规则构成的一切基本符号串组成的集合。为了给出语言的形式定义，本节首先讨论符号和符号串的有关概念。

定义 2.1　字母表是由若干元素所组成的有限非空集合。

其中，每一元素称为符号，故有时又将字母表称为符号集。符号是一个抽象的实体，仅在某些特定的使用场合才分别赋予它们具体的含义。因为符号是一个基本的概念，所以无须再给以形式定义。

通常，在一个字母表中，可用阿拉伯数字、大写及小写英文字母、各种算术运算符、常用的标点符号以及使用上认为方便的其他符号来表示它的元素。例如，数字 1、2、3 是符号，字母 a、b、c 是符号，运算符+、−、*是符号，而集合{1，2，3，a，b，c，+，−，*}则构成一个字母表。

定义 2.2　由字母表中的符号所组成的任何有限序列称为字符串(有时也称为符号行或字)。

例如，设 $\sum$ ={a，b，c}是一个字母表，则 a，b，c，aa，ab，ac，ba，bb，bc，ca，cc，aaa 等都是 $\sum$ 上的符号串。一个字母表上全部符号串所组成的集合显然为一无限集。

符号串中所含符号的个数称为该符号串的长度。例如，符号串 abc 的长度为 3，记为

$$|abc|=3$$

特别地，把不包含任何符号的符号串称为空符号串，记为 ε，显然，$|\varepsilon|=0$。

如无特别说明，用 a，b，c，…，以及 S，T，U，…，X，Y，Z 表示符号；用 t，u，…，x，y，z 等表示符号串，用 A，B，C 等给符号串集合命名。此外，为了讨论问题方便，有时也给上述记号加下标。

定义 2.3　设 x 是一个符号串，把从 x 的尾部删去若干个(包含 0 个)符号之后所余下的部分称为 x 的前缀。类似地，也可定义一个符号串的后缀。

例如，若 x=abc，则 ε，a，ab 及 abc 都是 x 的前缀；而 ε，c，bc 及 abc 都是 x 的后缀。若 x 的前缀(后缀)不是 x 本身，则将其称为 x 的真前缀(真后缀)。

定义 2.4　从一个符号串中删去它的一个前缀和一个后缀之后所余下的部分称为此符号串的子串。例如，若 x=abcd，则 ε，a，b，c，d，ab，bc，cd，abc，bcd 及 abcd 都是 x 的子串。可见，x 的任何前缀和后缀都是 x 的子串，但其子串不一定是 x 的前缀或后缀。需要注意，ε 和 x 本身既是 x 的前缀与后缀，也是它的子串。

定义 2.5　设 x 和 y 是两个符号串，将符号串 y 直接拼接在 x 之后，则称此种操作为符号串 x 和 y 的连接，记为 xy。例如，若 x=YNU，y=2012，则 xy=YNU2012 而 yx=2012YNU。可见，xy 一般不等于 yx。

显然，空符号串 ε 与任何字符串 x 的连接还是 x 本身，即 $\varepsilon x=x\varepsilon=x$，因此，可将 ε 视为连接操作的单位元素。同时，可将上述定义推广到任意多个符号串相连接的情况。

定义 2.6　一个符号串 x 与其自身的 n-1 次连接称为此符号串的 n 次方幂，记作 x^n，即

$$x^1=x,\quad x^2=xx,\quad x^3=x^2x=xx^2=xxx,\quad \cdots$$
$$x^n=x^{n-1}x=xx^{n-1}=xxxx\cdots x$$

特别地，定义 $x^0=\varepsilon$。

定义 2.7　若集合 A 中的所有元素都是某字母表上的符号串，则称 A 为该字母表上的符号串集合。

例如，字母表 $\sum$ ={a，b，c}，则 $\sum$ 的符号串集合 A={a，b，c，aa，ab，ac，ba，bb，bc，…}。

定义 2.8　设 A，B 为两个符号串的集合，则将集合 A 同 B 的和与积，分别记作 A+B 或(A$\cup$B)与 AB，且定义为

$$A+B=\{w|w\in A \text{ 或 } w\in B\}$$
$$AB=\{xy|x\in A \text{ 或 } y\in B\}$$

即集合 A+B 中含有且仅含有 A 和 B 中的所有符号串，集合 AB 则由形如 xy 的所有符号串组成，其中 x∈A 且 y∈B。

例如，若 A={a，b，c}，B={00，11}，则
$$A+B=\{a,\ b,\ c,\ 00,\ 11\}$$
$$AB=\{a00,\ a11,\ b00,\ b11,\ c00,\ c11\}$$

特别地，若用 ∅ 表示空集(请注意 ∅，ε 和 {ε} 三者间的区别)，则显然有
$$\varnothing+A=A+\varnothing=A$$
$$\varnothing A=A\varnothing=\varnothing$$
$$\{\varepsilon\}A=A\{\varepsilon\}=A$$

定义 2.9　根据符号串集合的积运算，可定义符号集合 A 的方幂运算如下：
$$A^0=\{\varepsilon\},\ A^1=A,\ A^2=AA,\ \cdots,\ A^n=A^{n-1}A=AA^{n-1}\quad(n>0)$$

定义 2.10　根据符号串集合的和运算，可分别定义符号串集合 A 的正闭包 A^+ 及自反闭包(简称闭包)A^*，如下：

$$A^+=A^1\cup A^2\cup\cdots\cup A^n\cdots=\bigcup_{i=1}^{\infty}A^i$$

$$A^*=A^0\cup A^1\cup\cdots\cup A^n\cdots=\bigcup_{i=0}^{\infty}A^i=\{\varepsilon\}\cup A^+$$

容易证明：符号串 $x\in A^+$，当且仅当存在某个 n，有 $x\in A^n$；符号串 $y\in A^*$，当且仅当：y=ε 或者 $y\in A^+$。类似地，也可定义字母表上的和、积、方幂及闭包等运算。事实上，这只需把字母表中的每个元素均视为长度为 1 的符号串即可。例如，若 A={a，b，c}，则
$$A^1=\{a,\ b,\ c\}$$
$$A^2=\{aa,\ ab,\ ac,\ ba,\ bb,\ bc,\ ca,\ cb,\ cc\}$$
$$A^3=\{aaa,\ aab,\ aac,\ aba,\ \cdots,\ ccc\}$$
$$\cdots$$
$$A^+=\{a,\ b,\ c,\ aa,\ ab,\ ac,\ ba,\ bb,\ \cdots\}$$
$$A^*=\{\varepsilon,\ a,\ b,\ c,\ aa,\ ab,\ ac,\ ba,\ \cdots\}$$

可见，字母表 A 的正闭包 A^+ 就是 A 上所有符号串所组成的集合，而(自反)闭包 A^* 仅比 A^+ 多含一个空字符串 ε。

2.2　文法和语言的定义

本节从"产生语言"的角度出发，给出文法和语言的形式定义。产生语言是指制定出有限个规则，借助它们就能产生出此语言的全部句子。

为方便理解定义文法和语言时所采用的方式，不妨以一个由某些英语句子所组成的语言为例来进行讨论。假定该语言中每一个句子都具有"主-谓-宾"这样极为简单的结构，

根据通常的英语语法知识，可首先将"句子"作为此语言的第一个语言实体，并用如下的语法规则加以描述：

① ＜句子＞ → ＜主语短语＞ ＜动词短语＞

其中，每个用一对尖括号"＜"和"＞"括起来的部分，是所要定义语言中的一个语法范畴(也可称为语法单位、语法结构、语法实体、语法成分或语法变量等)；符号"→"的含义是："定义为……"或"由……组成"(有的资料习惯将符号"→"用另一个整体符号"∷="代替，主要是沿用 BNF 的表示形式)。所以，规则①的含义就是："语法范畴＜句子＞被定义为＜主语短语＞后跟一个＜动词短语＞。"然而，语法范畴＜主语短语＞及＜动词短语＞尚需进一步定义，根据英语语法，可再添加下面的语法规则。

② ＜主语短语＞ →the ＜名词＞

③ ＜动词短语＞ → ＜动词＞ ＜宾语短语＞

此时，又出现了新的需定义的语法范畴＜名词＞、＜动词＞及＜宾语短语＞等，重复上述步骤，可以写出其余的语法规则如下：

④ ＜宾语短语＞ → ＜冠词＞ ＜名词＞

⑤ ＜名词＞ →cat

⑥ ＜名词＞ →fish

⑦ ＜动词＞ →ate

⑧ ＜动词＞ →has

⑨ ＜冠词＞ →the

⑩ ＜冠词＞ →a

下面举例说明如何应用上述定义的语法规则去产生或推导出相应语言的全部句子。推导出语言的句子是指从语言最大的一个语法范畴(＜句子＞)开始，反复使用语法规则中"→"右边的符号串去替换它的左部符号，直到所得的符号串中不再包括需要替换的语法范畴。每使用某个规则替换一次，就说进行了一步直接推导，并用符号"⇒"表示这种替换操作。

例如，对于句子 the cat ate a fish，首先用规则①进行第一步推导，就得到

＜主语短语＞ ＜动词短语＞

记为　　＜句子＞ ⇒ ＜主语短语＞ ＜动词短语＞

所得到的符号串中含有两个语法范畴，可对其中的任一个进行替换，例如使用规则②对＜主语短语＞进行替换，又得到

＜句子＞ ⇒ ＜主语短语＞ ＜动词短语＞

⇒ the ＜名词＞ ＜动词短语＞

重复上述过程，便得到如下的推导序列：

推导步骤	所用的规则	所得的符号串
1	①	＜句子＞ ⇒ ＜主语短语＞ ＜动词短语＞
2	②	⇒ the ＜名词＞ ＜动词短语＞
3	⑤	⇒ the cat ＜动词短语＞
4	③	⇒ the cat ＜动词＞ ＜宾语短语＞

5	⑦	⇒ the cat ate < 宾语短语 >
6	④	⇒ the cat ate < 冠词 > < 名词 >
7	⑩	⇒ the cat ate a < 名词 >
8	⑥	⇒ the cat ate a fish

上面的句子 the cat ate a fish，是从语法范畴 < 句子 > 出发，通过 8 步直接推导推出的，故将上述序列称为具有长度为 8 的推导。如不关心推导的中间过程，常把从一个语法范畴到一个符号的推导用记号 "$\overset{+}{\Rightarrow}$" 表示。例如，对于上面的直接推导序列，把经过 5 步的推导记为

$$< 句子 > \overset{+}{\Rightarrow} \text{the cat ate} < 宾语短语 >$$

而将经过 8 步的推导记为

$$< 句子 > \overset{+}{\Rightarrow} \text{the cat ate a fish}$$

从上面所给的 10 条规则可以看出，一个语言中的同一语法范畴，有时会对应着若干条左边相同而右边不同的规则。例如，语法范畴 < 名词 >、< 动词 > 及 < 冠词 > 都是分别用两条规则来定义的。这一情况意味着，在进行推导的过程中，当需要对某一语法范畴进行替换时，就会出现多种选择，不同的选择将会推出不同的句子。因此，对于左部语法范畴相同的各个规则，通常把它们的右部符号串都称为该语法范畴的候选或选择项。此外，Backus 在定义 ALGOL 语言的语法时，引入一个符号 "|"（读作 "或"），把同一语法范畴的多个候选式连接在一起，并把相关的各个规则加以合并。例如，对于上述规则⑤～⑩，经合并之后的形式分别为

$$< 名词 > \rightarrow \text{cat|fish}$$
$$< 动词 > \rightarrow \text{ate|has}$$
$$< 冠词 > \rightarrow \text{the|a}$$

显而易见，对于上述 10 条规则，如果从语法范畴 < 句子 > 出发进行推导，并在推导时，在规则的选用上，穷尽一切的可能，就会得到 16 个不同的句子。此 16 个句子所组成的集合，就是上述规则所产生或定义的语言。

仔细分析可以发现，上述规则所产生的 16 个句子中，一些句子的含义(语义)是极为荒谬的。例如，句子 "the fish ate a cat" 及 "the fish ate a fish" 等。然而，如果不考虑语义，则不得不承认它们都是语法上合法的句子。

上述 10 条规则及其使用可做如下概括：

(1) 含有一系列需要定义的语法范畴，通常把它们的名字称为非终结符号，由这些非终结符号组成的集合称为非终结符号集，以 V_N 记之。对于上例，有

$$V_N = \{ < 句子 >, < 主语短语 >, < 动词短语 >, \cdots, < 冠词 > \}$$

(2) 含有若干个基本符号，由于这些基本符号不需要进一步定义，通常将它们称为终结符号，由终结符号组成的集合称为终结符号集，以 V_T 记之。对于上例，有

$$V_T = \{ \text{cat}, \text{fish}, \text{ate}, \text{has}, \text{the}, \text{a} \}$$

(3) 在非终结符号中，有一个最关心或最终需要定义的语法范畴，即 < 句子 >。因为在推导语言中的句子时将从此语法范畴开始，所以特将此非终结符号称为开始符号或

识别符号。

(4)最后，再看这一组规则本身，每一规则都是用符号"→"连接起来的有序对 (U, u)：

$$U \rightarrow u$$

其中，U 是一个终结符号，代表了一个语法范畴；u 是一个由终结符号和(或)非终结符号所组成的符号串。通常，把 U 和 u 分别称为相应规则的左部变量和右部符号串(或简称为规则的左部或右部)。如前所述，规则的作用，一方面定义或描述语言中的语法范畴，另一方面也常用来产生(即推导)语言中的句子，故一般也将规则称为产生式。

综上所述，一个用来描述语言的语法结构的文法 G 可形式化地定义如下。

定义 2.11 一个文法 G[S]可表示成形如(V_N、V_T, P, S)的四元式。其中 V_N、V_T、P 均为非空的有限集，分别称为非终结符号集、终结符号集和产生式集，这些集合所含元素的意义如前所述；$S \in V_N$，为文法的开始符号。此外，将出现在各产生式左部和右部的一切符号所组成的集合称为字汇表(或词汇表、字母表)，记作 V。显然，$V = V_N \cup V_T$，$V_N \cap V_T = \varnothing$。

下面再定义由文法所产生的语言。为此，首先把前面所说的"直接推导"和"推导"的概念形式化。在以后的讨论中，约定用英文大写字母表示文法的非终结符号，用英文小写字母表示文法的终结符号，用希腊字母表示字母表上的符号串。

定义 2.12 设 G=(V_N, V_T, P, S)是一文法，α 和 β 是 G 的字汇表 V 上的符号串，则说 β 是 α 的直接推导(或 α 直接产生 β)，当且仅当 α 和 β 可分别写成 $\alpha = \nu U \delta$ 及 $\beta = \nu \eta \delta$。其中 $\nu, \delta \in V^*$，且 $U \rightarrow \eta \in P$。通常将上述事实记作 $\alpha \underset{G}{\Rightarrow} \beta$ 或 $\nu U \delta \underset{G}{\Rightarrow} \nu \eta \delta$。

需要说明的是，在上述定义中，ν 和 δ 之一甚至两者都可以为空串，即 ε。另外，记号"$\alpha \underset{G}{\Rightarrow} \beta$"表示在文法 G 中 α 直接推导出 β，若所涉及的文法 G 无须特别指明，也可直接写成 $\alpha \Rightarrow \beta$。

例如，对于前面的文法 G[<句子>]，有

　　　　< 主语短语 > < 动词短语 > $\Rightarrow$ < 主语短语 > < 动词 > < 宾语短语 >

其中，ν=< 主语短语 >，$\delta = \varepsilon$，U=< 动词短语 >，η =< 动词 > < 宾语短语 >。在 the < 名词 > < 动词短语 > $\Rightarrow$ the cat < 动词短语 > 中，ν=the，δ =< 动词短语 >，U=< 名词 >，η =cat 等。

定义 2.13 设 G 为一文法，α，β 是 G 的字汇表 V 上的两个符号串，则说 β 是 α 的推导(或 α 产生 β)，如果

（ⅰ）$\alpha = \beta$；

（ⅱ）存在 V 上的符号串序列 $\nu_0, \nu_1, \cdots, \nu_n$ 使 $\alpha = \nu_0 \Rightarrow \nu_1 \Rightarrow \cdots \Rightarrow \nu_n = \beta$，$n \geqslant 1$。

对于情况（ⅰ），称为 0 步推导或长度为 0 的推导；对于情况（ⅱ），称为长度为 n 的推导。通常把推导长度 $n \geqslant 0$ 的推导记作 $\nu_0 \overset{*}{\Rightarrow} \nu_n$；而将推导长度 $n \geqslant 1$ 的推导记作 $\nu_0 \overset{+}{\Rightarrow} \nu_n$。

定义 2.14 设 G[S]是一文法，把能由文法的开始符号 S 推导出来的符号串 α 称为 G 的一个句型。即 α 是 G 的一个句型，当且仅当 $S \underset{G}{\Rightarrow} \alpha$，$\alpha \in V^*$。

特别地，当句型 α 仅由终结符号组成时（即 $\alpha \in V_T^*$），则将它称为 G 的句子。

例如，对于上面的文法 G[<句子>]，下述符号串都是 G[<句子>]的句型：

<句子>

<主语短语> <动词短语>

the cat ate <冠词> <名词>

the cat ate a fish

…

而

the cat ate a fish

the cat has a fish

the fish has a cat

…

都是文法 G[<句子>]的句子。

定义 2.15　设 G[S]是一文法，把 G 产生的全部句子所组成的集合称为 G 产生的语言，且记为 L(G)，即 L(G)={w|S $\underset{G}{\overset{*}{\Rightarrow}}$ w，且 w∈ V_T^* }。

由于 L(G) $\subseteq V_T^*$，L(G)是定义于字母表 V_T 上的。

上述文法 G[<句子>]所产生的语言由 16 个句子组成，故为一有限集。现在的问题是，当语言为无限集时，是否也能用前面所定义的文法来描述？即无限语言是否能用有限的文法规则来定义的问题。下面继续分析，若使用递归文法，许多无限的语言仍可用有限个产生式即用有限文法规则来描述。例如，文法 G_1[<标示识符>]：

<标识符> → <字母> | <标识符> <字母> | <标识符> <数字>

<字母> →A|B|C|…|Z

<数字> →0|1|2|…|9

及文法 G_2[E]：

E→E+T|T

T→T*F|F

F→(E)|i

都是递归的，文法 G_1 和 G_2 均具有这样的特点，即在定义某些语法成分时，又直接或间接地使用了此语法成分本身。对于文法 G_1，可以有如下推导形式：

<标识符> ⇒ <标识符> <数字>

　　　　⇒ <标识符> <字母> <数字>

　　　　⇒ <标识符> <数字> <字母> <数字>

　　　　⇒ <标识符> <字母> <数字> <字母> <数字>

　　　　…

显然，采用此类的推导过程，便能得到以字母开头的所有字母数字串，因此并未对串的长度进行限制，可知由这样的串所组成的集合为无限集，即文法 G_1 所定义的语言 L(G_1)为无限语言。对于文法 G_2 也有类似的情况。一般地，作如下定义。

定义 2.16 设 G 为一文法，A→α 是 G 的一个产生式，如果α 具有 νAδ 的形式，其中ν，δ不同时为ε，则称产生式 A→α 是直接递归的；若存在推导

$$A \Rightarrow \alpha \overset{*}{\Rightarrow} \nu A \delta$$

则称产生式 A→α 是递归的。同时，把上述两种情况中的 A 分别称为直接递归的和递归的非终结符号。特别地，当ν=ε而δ≠ε时，将产生式 A→α 称为直接左递归和左递归的产生式。类似地，也可以定义直接右递归和右递归的产生式及非终结符号。如果一个文法中至少含有一个递归的非终结符号，则将此文法称为递归文法。

例如，在文法 G_1 中含有直接左递归的非终结符号 < 标识符 > ，且 < 标识符 > → < 标识符 > < 字母 > 及 < 标识符 > → < 标识符 > < 数字 > 都是直接左递归的产生式。而在文法 G_2 中，非终结符号 E 和 T 都是直接左递归的，且由于有推导

$$E \Rightarrow T \Rightarrow F \Rightarrow (E)$$
$$T \Rightarrow F \overset{+}{\Rightarrow} (T)$$
$$F \Rightarrow (E) \overset{+}{\Rightarrow} (F)$$

故可知非终结符号 E，T 和 F 也是递归的。

显然，直接递归性仅仅是递归性的一种特殊情况。如果一个语言是无限的，则定义此语言的文法必然是递归的。

应当指出，从语法定义的角度上来看，递归定义是一种较好的方式，因为它不但使文法的形式比较简练，而且也给无限语言的有限表示提供了一种有效的途径，即可以使用有限条含递归的产生式定义一个无限语言。然而，在后面会看到，文法的左递归性将会给某些语法分析方法的实现带来很大的麻烦，因此经常需要对文法进行等价的改造，以便消除其中的左递归性。

还应当指出，文法与语言之间并不存在一一对应的关系。事实上，对于一给定的文法，可唯一地确定它所产生的语言；对于一个给定语言，却往往可用若干个不同的文法来产生。

例如，语言

$$L = \{ a^{2n+1} | n \geq 0 \}$$

是含有奇数个 a 的符号串所组成的集合，它可由文法

$$G_1[S] = (\{S\}, \{a\}\{S \rightarrow aSa, S \rightarrow a\}, S)$$

产生，即 $L(G_1) = L$；该语言也可由文法

$$G_2[S] = (\{S, A\}, \{a\}, \{S \rightarrow aA, S \rightarrow a, S \rightarrow aS\}, S)$$

产生，即 $L(G_2) = L$，从而

$$L(G_1) = L(G_2)$$

于是，有下面的定义。

定义 2.17 设 G_1 和 G_2 为两个文法，若它们所产生的语言相等，即 $L(G_1) = L(G_2)$，则称 G_1 和 G_2 等价。

遗憾的是，上下文无关文法的等价问题是不可判定的，即不存在一种算法，能判别任意两个上下文无关文法是否等价。

无论在形式语言还是在编译理论中，文法等价都是一个很重要的概念，根据这一概念，

可对文法进行等价改造，以期得到所需要形式的文法。

通常，把左部变量为 A 的产生式称为 A-产生式。下面的引理以后将会经常用到。

引理 2.1 设 G=(V_N, V_T, P, S)为一文法，并设 A→νBδ 是 P 中的一个产生式。而 B→β_1，B→β_2，…，B→β_k 是 P 中的全部 B-产生式，又设 G_1=(V_N, V_T, P′, S)是这样的文法，其中，P′ 是从 P 中删去 A→νBδ 并添加产生式 A→νβ_1δ，A→νβ_2δ，…，A→νβ_kδ 所组成的集合，则 L(G_1)=L(G)，即文法 G_1 等价于文法 G。

2.3 文法的类型

自从乔姆斯基(Chomsky)于 1956 年建立形式语言的描述以来，形式语言理论发展得很快，目前形式语言理论在自然语言的理解和翻译、计算机语言的描述和转换、编译程序构造、语法制导和模式识别等方面都有着广泛的应用。

根据乔姆斯基形式语言理论，文法被分成 4 种类型，即 0 型、1 型、2 型和 3 型。这几类文法的差别在于对产生式施加不同的限制。

定义 2.18 设 G=(V_N, V_T, P, S)为一文法，其中 V=V_N∪V_T，如果它的每一个产生式 α→β 是这样一种结构：α∈V^*，且至少含有一个非终结符，而 β∈V^*，则 G 是一个 0 型文法或短语文法(phrase grammar，PG)。

在自动机理论中，0 型文法的能力相当于图灵机(Turing)。或者说，任何 0 型语言都是递归可枚举的；反之，递归可枚举集必定是一个 0 型语言。

对于 0 型文法产生式的形式加以不同的限制，就可以分别得到 1 型、2 型和 3 型文法的定义。

定义 2.19 设 G=(V_N, V_T, P, S)为一文法，若 P 中的每一个产生式 α→β 均满足|β|≥|α|，仅仅 S→ε 除外，则文法 G 是 1 型文法或上下文有关文法(context sensitive grammar，CSG)。

在有些定义中，将上下文有关文法的产生式形式描述为 α_1Aα_2→α_1βα_2，其中 α_1、α_2 和 β 都在(V_N∪V_T)^*中(即在 V^* 中)，β≠ε，A 在 V_N 中。这种定义与前边的定义等价，但它更能体现"上下文有关"的含义，因为只有 A 出现在 α_1 和 α_2 的上下文中，才允许用 β 取代 A。

定义 2.20 设 G=(V_N, V_T, P, S)为一文法，若 P 中的每一个产生式 α→β 满足：α∈V_N，β∈V^*，则此文法称为 2 型文法。

有时将 2 型文法的产生式表示为 A→β 的形式，其中 A∈V_N，也就是说用 β 取代非终结 A 时，与 A 所在的上下文无关，因此 2 型文法也称为上下文(前后文)无关文法(context free grammar，CFG)。

定义 2.21 设 G=(V_N, V_T, P, S)，若 P 中的每一个产生式的形式都是①A→aB 或 A→a，②A→Ba 或 A→a，A 和 B 都是非终结符号，a 为终结符号，则 G 是 3 型文法或正规文法(regular grammar，RG)。其中①称为右线性形式，②称为左线性形式。

例 2.1 下列文法 G[S] 是一个 0 型文法。

G[S]=({S，A，B，C，D，E}，{a}，P，S})，其中 P 由如下产生式组成：

S→ACaB，Ca→aaC，CB→DB，

CB→E，aD→Da，AD→AC，aE→Ea，AE→ε

G[S]产生的语言为 L_0={ai|i 是 2 的正整次方}

$$={aa，aaaa，aaaaaaaa，\cdots}$$

是一个 0 型文法产生的语言。

例 2.2 下列文法 G[S]是一个不严格的 1 型文法。

G[S]=({S，A，B，C}，{a，b，c}，P，S})，其中 P 由如下产生式组成：

S→ε，S→A，A→aABC，A→abC，

CB→BC，bB→bb，bC→bc，cC→cc

G[S]产生的语言为 L_G={ai bi ci|i≥0}

如果去掉 G[S]中的 S→ε 得到 G′[S]，那么

G′[S]产生的语言为 L_1={ai bi ci|i≥1}

是一个 1 型文法产生的语言。

下面给出的例 2.3 中的文法 G 是 2 型文法，即上下文无关文法，G 的语言是由相同个数的 a 和 b 所组成的{a，b}*上的串。

例 2.3 G=({S，A，B}{a，b}，P，S)，其中 P 由下列产生式组成：

S→aB，　　　　　A→bAA

S→bA，　　　　　B→b

A→a，　　　　　B→bS

A→aS，　　　　　B→aBB

有时，为书写简洁，常把相同左部的产生式，形如

A→α_1

A→α_2

⋮

A→α_n

的产生式缩写为

A→α_1|α_2|$\cdots$|α_n

这里的元符号"|"读写作"或"。

因此例 2.3 中的 P 可用紧凑缩略格式改写为

S→aB|bA

A→a|aS|bAA

B→b|bS|aBB

它是一个上下文无关文法。

例 2.4 下列文法 G[S]是一个 3 型文法，即正规文法。

G[S]=({S，A，B}，{a，b}，P，S})，其中 P 由如下产生式组成：

S→aA

$$A \rightarrow bA|aB|b$$
$$B \rightarrow aA$$

显然 G 是正规文法，而且是右线性的。

G[S]产生的语言为 $L_3 = \{a(b|aa)ib|i \geqslant 0\}$。

由于乔姆斯基对 4 类文法的定义是逐渐增加限制的，因此每一种正规文法都是上下文无关的，每一种上下文无关文法都是上下文有关的，而每一种上下文有关文法都是短语文法。称 0 型文法(短语文法)产生的语言为 0 型语言，1 型文法(上下文有关文法)产生的语言为 1 型语言，2 型文法(上下文无关文法)和 3 型文法(正规文法)产生的语言分别称为 2 型语言(上下文无关语言)和 3 型语言(正规语言)。对于由每种类型的文法产生式推导出的语言，可分别构造相应的自动机来接受(识别)它们，如表 2.1 所示。

表 2.1　文法及其产生的语言

文法类别	产生式形式	产生的语言	对应的自动机
0 型文法 (短语文法)	$\alpha \rightarrow \beta$，其中 $\alpha \in V^+$ 且至少含一非终结符，$\beta \in V^*$	0 型语言 (递归可枚举)	图灵(Turing)机
1 型文法 (上下文有关文法)	$\alpha \rightarrow \beta$，其中再限制 $|\beta| \geqslant |\alpha|$，仅 $S \rightarrow \varepsilon$ 除外，但 S 不得出现在任何产生式右部	1 型语言 (上下文有关语言)	线性限界自动机
2 型文法 (上下文无关文法)	$\alpha \rightarrow \beta$ 其中 $\alpha \in V_N$，$\beta \in V^*$	2 型语言 (上下文无关语言)	非确定下推自动机
3 型文法 (正规文法)	①$A \rightarrow aB$ 或 $A \rightarrow a$ 或者 ②$A \rightarrow Ba$ 或 $A \rightarrow a$，其中 A、$B \in V_N$，$a \in V_T$	3 型语言 (正规语言)	有限自动机

2.4　上下文无关文法及其语法树

2.4.1　程序设计语言的语法结构的描述

当要定义一个高级程序设计语言时，可以使用上述 4 类文法中的上下文无关文法(2 型文法)来完成此项任务。上下文无关文法有足够的能力描述高级程序设计语言的语法结构(成分)，例如，描述语言的各种语句、描述语言的各类表达式等。

下面以 PASCAL 语言为例，说明如何用上下文无关文法来描述其语法结构。

例 2.5　描述算术表达式的文法 G=({E}, {+, *, i, (,)}, P, E)，其中 P 为

$$E \rightarrow E+E$$
$$E \rightarrow E*E \tag{2.1}$$
$$E \rightarrow (E)$$
$$E \rightarrow i$$

式(2.1)的非终结符 E 表示一类算术表达式，i 表示程序设计语言中的"变量"。该文法定义了(描述了)由变量、+、*、(和)组成的算术表达式的语法结构，即

变量是算术表达式；

若 E_1 和 E_2 是算术表达式，则 E_1+E_2，E_1*E_2 和 (E_1) 也是算术表达式。

又如，描述一种简单赋值语句的产生式为

<赋值语句>→i:=E

描述条件语句的产生式为

<条件语句>→if<条件>then<语句>|

if<条件>then<语句>else<语句>

类似地，可以对 PASCAL 语言的其他语法结构用上下文无关文法进行形式化描述。

因此应重点关心的问题是如何对上下文无关文法的句型和句子进行分析。本书的后面章节中，对"文法"一词若无特别说明，则均指上下文无关文法。

2.4.2 语法树

2.2 节提出了句型、推导等概念，现在介绍一种描述上下文无关文法的句型推导的直观工具，即语法树，也称推导树。

定义 2.22 给定文法 G=(V_N, V_T, P, S)，对于 G 的任何句型都能构造与之关联的语法树(推导树)。这棵树满足下列 4 个条件：

(1)每一结点都有一个标记，此标记是字汇表 V 的一个符号；

(2)根的标记是 S；

(3)若一结点 n 至少有一个除它自己以外的孩子，并且 n 标记为 A，则 A∈V_N；

(4)如果结点的直接孩子，从左到右的次序是结点 n_1, n_2, …, n_k，其标记分别为 A_1, A_2, …, A_k，那么 A→$A_1A_2…A_k$，一定是 P 中的一个产生式。

下面用一个例子来说明某语法树(推导树)的构造过程。

例 2.6 G=({S, A}{a, b}, P, S)，其中 P 为

(1)S→aAS；

(2)A→SbA；

(3)A→SS；

(4)S→a；

(5)A→ba。

图 2.1 是 G 的一棵语法树。标记 S 的顶端结点是树根，它的直接孩子为 a、A 和 S 三个结点，a 在 A 和 s 的左边，A 在 S 的左边，S→aAS 是一个产生式，同样，A 结点至少有一个除它自己以外的孩子(A 的直接子孙为 S、b 和 A)，A 一定是非终结符。

图 2.1 的语法树展示了例 2.6 的文法 G 的句型 aabbaa 的推导过程，从左至右读出图 2.1 的语法树的叶子标记，得到的就是句型 aabbaa，由于该句型全部由终结符构成，所以也是一个句子。常常把 aabbaa 称为语法树的结果。

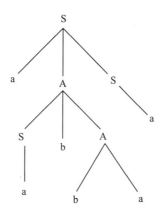

图 2.1   句型 aabbaa 的语法树

语法树表现了在推导过程中用了哪个产生式和用在哪个非终结符上,它并没有表明选用产生式的顺序。比如,对例 2.6 文法 G 的句型 aabbaa 可以有以下三个不同的推导过程:

推导过程 1   S $\Rightarrow$ aAS $\Rightarrow$ aAa $\Rightarrow$ aSbAa

　　　　　　　 $\Rightarrow$ aSbbaa $\Rightarrow$ aabbaa

推导过程 2   S $\Rightarrow$ aAS $\Rightarrow$ aSbAS $\Rightarrow$ aabAS

　　　　　　　 $\Rightarrow$ aabbaS $\Rightarrow$ aabbaa

推导过程 3   S $\Rightarrow$ aAS $\Rightarrow$ aSbAS $\Rightarrow$ aSbAa

　　　　　　　 $\Rightarrow$ aabAa $\Rightarrow$ aabbaa

其中,推导过程 1 的特点是在推导中总是对当前串中的最右非终结符使用产生式进行替换,使用产生式的顺序为例 2.6 中 (1)、(4)、(2)、(5) 和 (4);推导过程 2 恰恰相反,在推导中总是对当前串中的最左非终结符使用产生式进行替换,使用产生式的顺序为例 2.6 中 (1)、(2)、(4)、(5) 和 (4);推导过程 3 是最左替换和最右替换交替进行,没有一定的规律。除上述三个推导过程外,显然还可以给出一些不同的推导过程,不再列举。

定义 2.23   如果推导过程的任何一步为 α $\Rightarrow$ β,其中 α,β 是句型,都是对 α 中的最左(最右)非终结符进行替换,则称这种推导为最左(最右)推导。

在形式语言中,最右推导常被称为规范推导。由规范推导所得的句型称为规范句型。

因此,上述推导过程 1 是最右推导,推导过程 2 是最左推导,推导过程 3 没有规律,但它们对应的语法树都是图 2.1 所示的语法树,也就是说一棵语法树可能会对应多个不同的推导。

2.4.3   文法的二义性

由上面的分析可以看出,一棵语法树表示了一个句型的种种可能的(但未必是所有的)不同推导过程,包括最左(最右)推导。但是,一个句型是否只对应唯一的一棵语法树呢? 一个句型是否只有唯一的一个最左(最右)推导呢? 答案取决于推导该句型的文法是否是二义的。

例如，对于例 2.5 算术表达式的文法 G，句型 i*i+i 就有两个不同的最左推导 1 和推导 2，它们所对应的语法树分别如图 2.2 和图 2.3 所示。

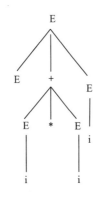

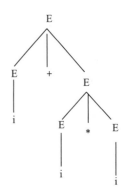

图 2.2   推导 1 的语法树   图 2.3   推导 2 的语法树

推导 1   E⇒E+E⇒E*E+E
         ⇒i*E+E⇒i*i+E⇒i*i+i
推导 2   E⇒E*E⇒iE
         ⇒i*E+E⇒i*i+E⇒i*i+i

i*i+i 是例 2.5 文法 G 的一个句型，该句型中的符号都是终结符，所以它同时又是一个句子，这个句子可以用完全不同的两种办法生成，在生成过程的第 1 步，一种办法使用产生式 E→E+E 进行推导，另一种办法使用产生式 E→E*E 进行推导。因而句子 i*i+i 对应了两棵不同的语法树，如图 2.2 和图 2.3 所示。

定义 2.24   如果一个文法存在某个句子对应两棵不同的语法树，则称这个文法具有二义性。或者说，若一个文法中存在某个句子，它有两个不同的最左（最右）推导，则这个文法是二义的。

根据该定义，例 2.5 算术表达式的文法 G 是二义的。

需要指出的是，文法的二义性和语言的二义性是两个不同的概念，因为可能有两个不同的文法 G 和 G′，其中 G 是二义的，而 G′ 是与 G 等价的无二义文法，则有 L[G]=L[G′]，也就是说，这两个不同的文法所产生的语言是相同的。如果产生上下文无关语言的每一个文法都是二义的，则说此语言是先天二义的。对于一个程序设计语言来说，常常希望它的文法是无二义的，只有这样对它的每一语句的分析才可能是唯一的。

在自动机理论中已经证明，一个上下文无关文法的二义性是不可判定的。即不存在一个算法，它能在有限步骤内，确切判定任给的一个上下文无关文法是否为二义的。然而，对于某些特定的上下文无关文法，可以判定其是否是二义的，例如 LL(1) 文法、LR(k) 文法是无二义文法；而对于像例 2.5 的文法 G[式(2.1)]，其产生式集合中存在既含左递归又含右递归的产生式，则一定是二义性文法。

对于一个二义性文法，可以尝试通过增加一些限制条件将其改写为一个无二义性文法。例如，在例 2.5 的文法 G[式(2.1)]中，假如规定了运算符"+"与"*"的优先顺序和结合规则,即按惯例,让"*"的优先性高于"+",且它们都服从左结合,那么就可以构造出一个无二义文法,如例 2.7 的文法 G′[E]〔式(2.2)〕。

例 2.7 定义表达式的无二义文法 G′[E]:

$$E \rightarrow E+T|T$$
$$T \rightarrow T* F|F \tag{2.2}$$
$$F \rightarrow (E)|i$$

它和例 2.5 的文法 G 产生的语言是相同的,即 G′和 G 是等价的。

2.5　句型的分析

定义 2.25　句型分析是指构造一种算法,用以判断所给的符号串是否为某一文法的句型(或句子)。

对于一个编译程序来说,无论在词法分析阶段,还是在语法分析阶段,都涉及句型分析的问题。在语言的编译实现中,把完成句型分析的程序称为分析程序或识别程序。

通常,用来进行句型分析的方法可大致分为两类,即自顶向下的分析和自底向上的分析。自顶向下分析方法是从文法的开始符号出发,以给定的符号串为目标,寻找"匹配"于输入符号串的推导,试图推导出给定的符号串;自底向上分析方法恰好相反,即从给定的符号串出发,反复利用文法中有关产生式的左部去替换当前符号串中的相应子串,以期最后将其归约为文法的开始符号,或识别出文法的开始符号。稍后将会看到,之所以如此分类,与在分析过程中构造句型相应语法树的方向有关。

本节将介绍与句型分析密切相关的若干问题,以便为后面有关章节的学习打下基础。

2.5.1　规范推导和规范归约

对于一个给定文法,从其开始符号到某一句型,或从一个句型到另一句型间的推导序列可能不唯一。

例 2.8　对于例 2.7 定义表达式的无二义文法 G′(E)〔式(2.2)〕:

$$E \rightarrow E + T | T$$
$$T \rightarrow T * F | F$$
$$F \rightarrow (E) | i$$

其句型 i+i*i 可有如下几个推导序列:

$$E \Rightarrow E+T \Rightarrow E+T*F \Rightarrow T+T*F$$
$$\Rightarrow T+T*i \Rightarrow F+T*i \Rightarrow i+T*i \tag{2.3}$$
$$\Rightarrow i+F*i \Rightarrow i+i*i$$

$$E \Rightarrow E+T \Rightarrow T+T \Rightarrow F+T$$
$$\Rightarrow i+T \Rightarrow i+T*F \Rightarrow i+F*F \tag{2.4}$$
$$\Rightarrow i+i*F \Rightarrow i+i*i$$

$$E \Rightarrow E+T \Rightarrow E+T*F \Rightarrow E+T*i$$
$$\Rightarrow E+F*i \Rightarrow E+i*i \Rightarrow T+i*i \qquad\qquad (2.5)$$
$$\Rightarrow F+i*i \Rightarrow i+i*i$$
$$\cdots$$

为了使句型或句子能按一种确定的推导序列来产生,通常可以仅考虑其最左推导或最右推导。例如,在上面的各推导序列中,式(2.4)和式(2.5)就分别是最左和最右推导。形式上,设有符号串 α 到符号串 β 的一个推导序列

$$\alpha \overset{*}{\Rightarrow} xUy \Rightarrow xuy \overset{*}{\Rightarrow} \beta$$

其中,$xUy \Rightarrow xuy$ 表示这个推导序列中的任一步直接推导,若总有 $x \in V_T^*$,则此推导序列为最左推导;而总有 $y \in V_T^*$ 时则此推导序列为最右推导。通常,把能由最左(右)推导推出的句型称为左(右)句型。另外,也常把最右推导称为规范推导,而把右句型称为规范句型。

应当指出,对于文法中每一个句子都必须有最左推导和最右推导,但对一句型来说则未必。例如,对于上述文法 $G'(E)$ 中句型 $T*i+T$ 而言,仅有唯一的推导

$$E \Rightarrow E+T \Rightarrow T+T$$
$$\Rightarrow T*F+T \Rightarrow T*i+T$$

显然,推导 $E \overset{+}{\Rightarrow} T*i+T$ 既非最左推导亦非最右推导,故句型 $T*i+T$ 既不可能是左句型也不可能是规范句型。

对于一个给定的终结符号串 w,采用自顶向下的语法分析来判明 w 是否为某一语言 L(G) 中的句子,通常的做法是:试图为 w 建立一个从 G 的开始符号 S 到 w 的最左推导。显然,在建立此种推导序列的某一步,若当前被替换的非终结符号 U 是由若干个候选式定义的,即有 $U \rightarrow \alpha_1 | \alpha_2 | \cdots | \alpha_n$,那么,就必须会出现如何选用候选式 α_1,α_2,$\cdots$,α_n 的问题。一种办法是逐个用这些候选式进行试探,以期获得正确的选择,即若用某一个 α_i 替换 U 能使分析进行下去,则沿此路径继续前进;若一旦发现此选择有错,则废弃由此选择已做过的分析工作,并回退到出错点再用下一个 α_{i+1} 继续进行试探,以此类推。因为使用这种方法需反复地回退到出错点进行试探,故称为带回溯的自顶向下分析方法。由于回溯,使语法分析的效率大大降低,故应设法予以避免。第 4 章将介绍解决这一问题的途径和方法。

下面再简略地谈谈自底向上的语法分析。概括地说,自底向上的分析也就是从已给的符号串 w 出发,试图以相反的方向,为 w 建立一个规范推导,也就是说判断最终能否将 w 归约为文法的开始符号。下面以实例进行说明。

例 2.9 对于文法 $G'(E)$,判断符号串 $w_0=i+i*i$ 是否为 $L(G'(E))$ 中的一个句子。

为此,从左至右扫视 w_0 中的各个符号,目的是要在 w_0 中找到一个和 $G'(E)$ 中某一产生式的右部相同的最左子串,因为 w_0 的最左符号为 i,而 $G'(E)$ 中仅有唯一的产生式 $F \rightarrow i$ 其右部为 i,故须用此产生式的左部符号 F 去替换 w_0 的最左子串 i,从而就得到新的符号串 $w_1=F+i*i$。通常将这一操作称为利用产生式 $F \rightarrow i$ 把 w_0 直接归约为 w_1。类似地,可写出后续的归约过程如表 2.2 所示。

表 2.2　符号串 i+i*i 的归约过程

步序	当前符号串 w_i	所用产生式	归约后的符号串 w_{i+1}
0	i+i*i	F→i	F+i*i
1	F+i*i	T→F	T+i*i
2	T+i*i	E→T	E+i*i
3	E+i*i	F→i	E+F*i
4	E+F*i	T→F	E+T*i
5	E+T*i	F→i	E+T*F
6	E+T*F	T→T*F	E+T
7	E+T	E→E+T	E(成功)

　　这里，经过了 8 步最左直接归约，将符号串 i+i*i 归约为 G′(E) 的开始符号串 E，从而再一次证实了它是 L[G′(E)] 中的一个句子。同时，容易看到，如果把上述归约过程的各步所得的各个符号串按归约过程的逆序写出(也就是按上述过程的逆序来使用所使用过的产生式)，那么，实际上就得到了形如式(2.5)的最右推导。由此可见，最右(左)推导的逆过程是最左(右)归约，反之亦然。因此，通常也将最左归约称为规范归约。至于直接归约、归约以及最左(右)归约的形式定义就不再赘述了，读者不难仿照定义 2.2 和定义 2.3 给出。

　　此外，再看表 2.2 所列的第 5 步直接归约。此时的符号串为 E+T*i，除了按产生式 F→i 把此符号串归约为 E+T*F 外，还可以考虑按产生式 E→E+T 或 E→T 分别将 E+T*i 归约为 E*i 和 E+E*i。但是，如果把后两个符号串继续进行归约，当分别得到符号串 E*E 和 E+E*E 时，显然已无法再进行归约，也就是说，对符号串 E+T*i 而言，i 是唯一可被归约的最左子串。于是自然会提出这样的问题：对于规范归约的每一步，如何确定符号串中当前被归约的最左子串？这一问题，将在 2.5.2 节讨论。

2.5.2　短语和句柄

　　2.5.1 节曾经提出问题：在采用自底向上的语法分析时，对于每一步直接归约，应如何正确地确定当前句型中应被归约的最左子串？为回答这个问题，现引入句型的短语和句型的句柄这两个重要的概念。

　　考虑文法 G′(E) 的句型 η=E+T*F+i，由推导 E $\overset{*}{\Rightarrow}$ E+T*F+i 可构造相应的语法树如图 2.4 所示。

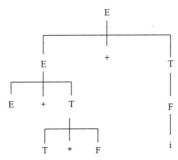

图 2.4　句型 E+T*F+i 的语法树

上述语法树含有若干棵子树，首先看根结点为 T^2 的子树(字符中的标号代表在图中的层次关系，以下同)，它的末端结点的标记所组成的符号串为 T^3*F^3。由于它是一棵直接子树，因此在文法中，必须有形如 T→T*F 的产生式，又由于此直接子树属于与句型 η 相对应的语法树，所以将符号串 T*F 称为句型 η 相对于产生式 T→T*F 的直接短语。

同理，以 F^2 为根的直接子树的叶子为 i，故将 i 称为句型 η 相对于产生式 F→i 的直接短语。再看以 E^1 为根的子树，其末端结点的标记组成的符号串为 $E^2+T^3*F^3$，由定义 2.22 的条件(4)，显然有推导 $E^1 \overset{+}{\Rightarrow} E^2+T^3*F^3$，所以把 E+T*F 符号串称为句型 η 相对于非终结符号 E 的短语。同理，由于有 $T^1 \overset{+}{\Rightarrow} i$，所以把 i 称为句型 η 相对于 T^1 的短语。特别地，因为整个语法树也是它自身的一棵子树，所以符号串 E+T*F+i 也是 η 相对于根结点标记 E 的一个短语。总之，对于句型 η 的语法树，若它的一棵子树的根结点标记为 A，且将此子树的末端结点标记自左至右排列起来所形成的符号串为 β，则 β 是句型 η 相对于 A 的一个短语；若此子树为直接子树，则 β 是句型 η 相对于产生式 A→β 的直接短语。可见，短语和子树是联系非常密切的两个概念。综上所述，可给出短语和直接短语的形式定义如下。

定义 2.26 设 αβδ 是文法 G[S] 的一个句型，其中 α、δ∈V^*，β∈V^+，若对于 A∈V_N 有

$$S \overset{*}{\Rightarrow} \alpha A \delta \text{ 及 } A \overset{+}{\Rightarrow} \beta$$

则称 β 是句型 αβδ 相对于非终结符号 A 的短语，特别地，若有

$$S \overset{*}{\Rightarrow} \alpha A \delta \text{ 及 } A \Rightarrow \beta$$

则称 β 是句型 αβδ 相对于产生式 A→β 的直接短语。

下面，再回头考察文法 G′(E) 的句型 η =E+T*F+i。根据定义 2.8 有：

①因为存在 $E \overset{*}{\Rightarrow} E+T+i$(此时 α =E+，A=T，δ =+i) 及 T⇒T*F，故 T*F 是相对于产生式 T→T*F 的直接短语；

②因为存在 $E \overset{*}{\Rightarrow} E+T*F+F$(此时 α =E+T*F+，A=F，δ=ε) 及 F⇒i，故 i 是 η 相对于产生式 F→i 的直接短语；

③因为存在 $E \overset{*}{\Rightarrow} E+i$(此时 α =ε，A=E，δ =+i) 及 $E \overset{+}{\Rightarrow} E+T*F$，故 E+T*F 是 η 相对于 E 的短语；

④因为存在 $E \overset{*}{\Rightarrow} E+T*F+T$(此时 α =E+T*F+，A=T，δ=ε) 及 $T \overset{+}{\Rightarrow} i$，故 i 是 η 相对于 T 的短语；

⑤因为存在 $E \overset{*}{\Rightarrow} E$(此时 α =δ=ε，A=E) 及 $E \overset{+}{\Rightarrow} E+T*F+i$，故 E+T*F+i 是 η 相对于 E 的短语。

需要注意的是，在句型 E+T*F+i 中，符号串 E+T 绝不会是它的一个直接短语，这是因为尽管在文法 G′(E) 中有形如 E→E+T 的产生式，却不存在从 E 到符号串的 E*F+i 推导，所以，当判断一个符号串是否为某一句型的短语时，须检查定义 2.8 中所列的两个条件是否同时满足。

　　2.5 节刚开始已经提到,在采用自底向上的语法分析时,每按一个产生式进行一次归约,就用该产生式的左部去替换当前句型中的相应子串。从语法树的角度来看,也就是要把该句型的语法树中的一棵直接子树的末端结点(叶子)剪去。换言之,语法分析每一次所归约的符号串必须是当前句型中的某一直接短语。但是,由于一句型中的直接短语可能不止一个,故为了使语法分析能按一种确定的方法来进行,通常只考虑最左归约即规范归约。由于最左归约是最右推导的逆过程,所以下面以 L(G') 中句子 i+i*i+i 为例,给出它的最右推导,并说明如何从中找到每次规范归约应被归约的符号串。句子 i+i*i+i 的最右推导为

$$E \Rightarrow \underline{E+T} \Rightarrow E+\underline{F} \Rightarrow E+\underline{i} \Rightarrow \underline{E+T}+i$$
$$\Rightarrow E+\underline{T*F}+i \Rightarrow E+T*\underline{i}+i$$
$$\Rightarrow E+\underline{F}*i+i \Rightarrow E+\underline{i}+i+i$$
$$\Rightarrow \underline{T}+i*i+i \Rightarrow \underline{F}+i*i+i$$
$$\Rightarrow \underline{i}+i*i+i$$

　　由于最左归约是按最右推导的逆序来使用后者所用过的产生式,不难看出,每次所归约的符号串就是上述各规范句型中画有底线的子串。同时,如果给出句型 i+i*i+i 的语法树(图 2.5),并按每归约一步,就剪去相应直接子树的方式来表述归约过程,那么就会发现,每次所归约的,也就是当前句型相应语法树的最左直接子树的末端结点标记所组成的符号串,即当前句型的最左直接短语。

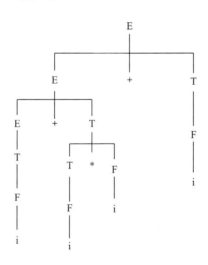

图 2.5　句型 i+i*i+i 的归约过程

　　于是,有下面的定义。

　　定义 2.27　一个句型的最左直接短语(即规范分析中,最先被归约的子串)称为此句型的句柄。

　　因此,对于自底向上的语法分析而言,须着重解决的问题是:

　　①如何确定一个规范句型的句柄?

②应将句柄归约为哪个非终结符号？

上述两个问题将在后面章节中加以讨论。这里仅指出，由于规范归约是最右推导的逆过程，所以在一个规范句型中，位于句柄右边的符号(如果有)必然是终结符号。另外，对于无二义性文法而言，由于它的任何句型都只有唯一的语法树，它的任何规范句型都只有唯一句柄，而且对于某些无二义性文法(如第 5 章要介绍的 LR 文法)，由于其中不含有左部不同而右部相同的产生式，能确保句柄归约的唯一性。至于具有二义性的文法，因其规范句型的句柄可能不唯一，势必给语法分析的工作带来一定的困难。但是，如果能够根据相应语法成分的特点采取某些措施[例如，在文法 G′(E)中定义运算符号+和*的优先等级和结合规则]，那么，语法分析中的不确定性将可望消除。

2.6　文法描述语言时的限制与扩充

2.4 节介绍了高级程序设计语言的语法结构可以由上下文无关文法来描述。在实际使用上下文无关文法定义一个语言时，可能需要对文法做一些限制或扩充。一方面，需要对文法提出一些限制条件，但这些限制并不真正限制由文法所能描述的语言，而是为了使文法更加确定和简练；另一方面，有时还需要对文法进行扩充，比如在某些上下文无关语言的定义中允许有称作 ε 规则的产生式(即对于任何非终结符 A，允许 A→ε 的产生式)，其目的是使语言的定义更加方便、简洁。本节将就这两方面的问题进行讨论。

2.6.1　文法描述语言时的限制

在用上下文无关文法描述程序语言时，本书将限制文法中不得含有有害规则和多余规则。

定义 2.28　有害规则是指表现形式为 V→V 的产生式，即用自己来定义自己。

有害规则对描述语言显然是无意义的，说它有害，是说它只会引起文法的二义性。

定义 2.29　多余规则是指文法中任何一个句子的推导永远都用不到的规则。

多余规则在文法中以两种形式出现。一种是文法中某些非终结符号不在任何产生式的右部出现，所以任何句子的推导中不可能用到它。如例 2.10 的文法 G[S]中，非终结符 D 不在任何产生式的右部出现，那么规则(7)则是多余规则，也称这种非终结符为不可到达的。另一种是在文法中有那样的非终结符，不能够从它推出终结符号串来，也称这种非终结符为不可终止的。如例 2.10 中的文法 G[S]的非终结符 C 则属这种情况，那么规则(6)也是在任何句子的推导中都不能使用的，是多余的。因而规则(2)也是多余的。

　　例 2.10　文法 G[S]：

　　(1)S→Be；

　　(2)B→Ce；

　　(3)B→Af；

　　(4)A→Ae；

　　(5)A→e；

(6) C→Cf；

(7) D→f。

对文法 G=(V_N, V_T, P, S) 来说，为了保证其任一非终结符 A 在句子推导中出现，必须满足如下两个条件：

(1) A 必须在某句型中出现，即有 $S \overset{*}{\Rightarrow} \alpha A \beta$，其中 α，β 属于 $(V_N \cup V_T)^*$；

(2) 必须能够从 A 推导出终结符号串 t 来，即 $A \overset{+}{\Rightarrow} t$，其中 $t \in V_T^*$。

若描述程序设计语言的文法包含有多余规则，其中必定有错误存在，因此检查文法是否包含多余规则是很有必要的。

2.6.2　文法描述语言时的扩充

在用上下文无关文法定义某些程序设计语言时，可能需要加入 ε 规则。

定义 2.30　ε 规则是指表现形式为 A→ε 的产生式，其中 $A \in V_N$。

根据乔姆斯基的定义，上下文无关文法中可以包含 ε 产生式，即允许使用 ε 规则，其目的是更加方便地定义程序设计语言。但很多学者却限定这种规则的出现，比如，霍普克罗夫特对上下文无关文法的定义为：G=(V_N, V_T, P, S)，且 P 中的每一产生式 α→β 满足：① α 是一个非终结符号；② β 是除 ε 外的 $(V_N \cup V_T)^*$ 上的串。他认为，尽管 ε 规则可以让某些文法的定义更加简洁，但它也会使得有关文法的一些讨论和证明变得复杂。

事实上，两种定义的唯一性差别是所定义的语言中是否包含 ε 句子，这不是什么本质问题。我们的出发点是用有限的文法(有限条规则)来描述有限或无限语言，而如果语言 L 有一个有限的描述，则 $L_1 = L \cup \{\varepsilon\}$ 也同样有一个有限的描述，并且可以证明，若 L 是上下文有关语言、上下文无关语言或正规语言，则 $L \cup \{\varepsilon\}$ 和 $L-\{\varepsilon\}$ 也分别是上下文有关语言、上下文无关语言和正规语言。

下边的几个定理有助于进一步理解上下文无关文法的两种定义的关系。这里不给予任何的证明，有兴趣的读者可参考有关书中的内容。

定理 2.1　若 L 是由文法 G=(V_N, V_T, P, S) 产生的语言，P 中的每一个产生式的形式均为 A→α，其中 $A \in V_N$，$\alpha \in (V_N \cup V_T)^*$(即 α 可能为 ε)，则 L 能由这样的一种文法产生，即每一个产生式或者为 A→β 形式，其中 A 为一非终结符，即 $A \in V_N$，$\beta \in (V_N \cup V_T)^+$ 或者为 S→ε 形式，且 S 不出现在任何产生式右部。

定理 2.2　如果 G=(V_N, V_T, P, S) 是一个上下文有关文法，则存在另一个上下文有关文法 G_1，它所产生的语言与 G 产生的相同，其中 G_1 的开始符号不出现在 G_1 的任何产生式的右边；又如果 G 是一个上下文无关文法，也能找到这样一个上下文无关文法 G_1；如果 G 是一个正规文法，则也能找到这样一个正规文法 G_1。

习　题

2.1　形式语言和自动机理论对编译程序的构造有何作用？

2.2　定义在某字母表上的符号串可以进行哪些运算？

2.3　∅，ε和{ε}三者之间有何区别？各适用于什么场合？

2.4　什么是符号串集合的闭包？举例说明正闭包和自反闭包的区别。

2.5　设字母表 V={0，1}，定义在其上的符号串 x=01，试写出 x0、xx、x2 和 x4 的串值及其长度。

2.6　设字母表 A={a，b，c}，试写出 A 上符号串 aacbbcccaabc 中以 c 开头且长度为 3 的子串。

2.7　设英文小写字母集合 L={a，b，…，z}，数字集合 D={0，1，…，9}，试问 L(L∪D)*中长度不大于 3 的符号串共有多少个？请列出其中 5 个有代表性的符号串。

2.8　文法 G=({U，V，S}，{a，b，c}，P，S)，其中产生式集合 P 为

　　　　S→Uc|aV

　　　　U→ab

　　　　V→bc

试写出 L(G[S]) 的全部元素。

2.9　文法 G[N] 为

　　　　N→D|ND

　　　　D→0|1|2|3|4|5|6|7|8|9|

G[N] 的语言是什么？

2.10　给出文法 G[A]：

　　　　A→aAc|B

　　　　B→bBd| ε

描述的语言 L(G[S])。

2.11　设文法 G[S]：

　　　　S→Ta

　　　　T→Tb|a

其定义的语言是什么？试写出推导长度小于或等于 4 的句子并验证。

2.12　试确定下面文法的类型：

　　　　G=({A，B，T，S}，{a，b，c}，P，S)

其中，P={S→aTB|aB，T→aTA|aA，B→bc，Ab→bA，Ac→bcc}

2.13　给出生成以下语言的文法：

(1)能被 5 整除的整数集合；

(2)允许 0 打头的偶正整数集合；

(3)不允许 0 打头的偶正整数集合。

2.14　试构造正规文法以生成以下语言：

(1) {an|n≥1}；

(2) {am bn|m > n > 0}；

(3) {an bm ck|n，m，k≥0}；

(4) {abmcbna|m≥1，n≥0}。

2.15　试构造上下文无关文法以生成以下语言：

(1) {an bn|n≥1}；

(2) {an bn am bm|n，m≥0}；

(3) {an bm am bn|n，m≥0}；

(4) {an bm cm dn|n，m≥1}。

2.16　文法 G[S] 为

　　　　S→aB|bA

　　　　A→aS|bAA|a

　　　　B→bS|aBB|b

　　　给出句子 aababb 的最左推导和语法树。

2.17　考虑文法 G=({T，S}，{a，b，(，)}，P，S)，其中 P 为

　　　　S→(T)|a|b

　　　　T→T，S|S

(1)给出（a，(b)）的最左推导和最右推导。

(2)给出（(a)）和(b，a)的语法树。

(3)句子（a，b，a)是二义的吗？为什么？

2.18　设文法 G[S] 为

　　　　S→if (E) S else S|if (E) S|S:=a

　　　试证明文法 G[S] 是二义性文法。

2.19　考虑文法 G=({E，O，E}，{v，d，-，/}，P，E)，其中 P 为

　　　　E→EOE|(E)|v|d

　　　　O→-|/

(1)该文法是一个二义文法吗？为什么？

(2)试用自顶向下与自底向上两种分析方法识别输入符号串 v-d/v 和 v-d-v 是否为 G 的句子。

2.20　对于文法 G[E]：

　　　　E→E+T|T

　　　　T→T*F|F

　　　　F→(E)|i

给出下列句子的最左推导、最右推导和语法树，并且指出句柄：

(1)i+i*i。

(2)(i+i)*i。

(3)i+i*(i+i)*i。

2.21　对于习题 2.17 的文法 G，证明(S, (T, S))是该文法的一个句型，指出这个句型的所有短语、直接短语和句柄。

第2篇

设计（Design）

第3章 词 法 分 析

词法分析是编译过程的第一个阶段，其主要工作是从左到右逐个字符地读入源程序，对构成源程序的字符流进行扫描和分解，从而识别出一个个单词(符号)，以用于语法分析。执行词法分析的程序称为词法分析程序或词法分析器，也称为扫描器。本章将对词法分析的相关概念、词法分析器的结构、单词的描述工具、识别机制及词法分析器的自动构造原理进行讨论。

3.1　词法分析概述

编译程序的整个工作过程，是从接收字符串形式的源程序文件作为输入并对此输入串进行词法分析开始的。词法分析(lexical analysis)的任务就是依次扫描输入串中的各个字符，并从其中识别出一系列具有独立意义的基本语法单位单词 Token(也称单词符号或符号)。这里的单词是指程序设计语言中符合构词规则的具有独立含义的最小词法单位，与自然语言中的单词类似，典型的有：关键字(keyword)，例如 if、for、while、begin、end 等，它们是字母的固定串；标识符(identifier)是由用户定义的串，它们通常是：①字母开头的字母数字串；②各种常量(constant)；③各种运算符(operator)，如+、*、>、>=、≫，+=、∧等；④分隔符(separator)，如逗号、冒号、分号及括号等。

通常把构成各个单词的符号串(如 while、>=等)称为该单词的串值(string value)或词文(lexeme)。作为词法分析的结果，通常是把从源程序中所识别出的各个单词的词文转换为某种内部表示，并依次进行输出，而此种内部编码形式的单词串，将作为语法分析器的输入和编译程序后续相关工作阶段的处理对象。可见，词法分析是整个编译工作的基础。

3.2　词法分析器的结构

3.2.1　词法分析器的工作方式

现代编译器常常由多个阶段组成，每个阶段由一至多个模块来实现。将编译器分解成这样的多个阶段是为了能够重用它的各种构件。从逻辑上来说，词法分析器完成的是编译第一阶段的工作，即把源程序代码转换为单词符号序列。然而在编译器的实际构造中，也可以把词法分析器作为一个子程序看待，由语法分析器根据需要调用。因此，词法分析器的工作方式有以下两种。

(1)作为独立的一个扫描器。

词法分析器作为一个扫描器仅执行独立的一遍，扫描源程序代码流，识别出一个个的单词(符号)，输出在一个中间文件上，这个文件作为语法分析器的输入而继续编译过程。

(2)作为语法分析器的一个子程序。

然而，更一般的情况，常将词法分析器设计成一个子程序，每当语法分析器需要一个单词时，调用该子程序。词法分析器每被调用一次，便从源程序文件中读入一些字符，直到识别出一个单词，或说直到下一个单词的第一个字符。这种设计方案中，词法分析器和语法分析器是放在同一遍里，而省掉了中间文件。

3.2.2　词法分析器的输出

无论词法分析器采用上述哪种工作方式，其功能都是读入源程序，输出单词符号。单词符号是一个程序设计语言的基本语法单位。程序设计语言的单词符号一般可分成下列 5 类：

(1)基本字，也称关键字或保留字，如 C 语言中的 MAIN、VAR、IF、FOR 和WHILE 等；

(2)标识符，用来表示各种名字，如常量名、变量名和过程名等；

(3)常量，各种类型的常数，如 2012、3.14、TRUE 和 "ABC" 等；

(4)运算符，如+、*、<=等；

(5)界符，如逗点、分号、括号等。

词法分析器所输出的单词符号常常采用以下二元式表示形式：

$$(CLASS，VALUE)，即(单词类别，单词自身的值)$$

单词的类别是语法分析需要的信息，而单词自身的值则是编译其他阶段需要的信息。比如在 C 语言的赋值语句 "year=2012；pai=3.14；" 中的单词 2012 和 3.14 的类别都是常数，这为语法分析提供了重要信息；常数的值是 2012 和 3.14，这对于语义分析和代码生成来说，是必不可少的。有时，对某些单词来说，不仅仅需要它的值，还需要其他一些信息以便编译的进行。比如，对于标识符来说，还需要记载它的类别、层次还有其他属性，如果这些属性统统收集在符号表中，那么可以将单词的二元式表示设计成如下形式：

(标识符，指向该标识符所在符号表中位置的指针)

如上述语句中的单词 year 和 pai 的表示为

(标识符，指向 year 的表项的指针)

(标识符，指向 pai 的表项的指针)

单词的类别可以用整数编码表示，假如标识符编码为 1，常量为 2，保留字为 3，运算符为 4，界符为 5，那么一个 C 语言的条件语句

if　i==90　then　x='A'；

在经词法分析器扫描后输出的单词符号和它们的表示如下：

关键字 if　　　　　　　　　　　(3，'if')

标识符 i	(1，指向 i 的符号表入口)
等号＝＝	(4，'＝＝')
常量 90	(2，'90')
关键字 then	(3，'then')
标识符 x	(1，指向 x 的符号表入口)
赋值号＝	(4，'＝')
常量 'A'	(2，'A')
分号；	(5，'；')

3.2.3　词法分析作为一个独立阶段的原因

根据 2.3 节乔姆斯基定义的 4 类文法,单词符号可由 3 型文法(正规文法)描述和产生,就是说词法也是语法的一部分,词法分析完全可以归并到语法分析中,只不过词法规则更简单些。这在后面的章节中可以看到。那么为什么将词法分析作为一个独立的阶段? 为什么把编译过程的分析工作划分成词法分析和语法分析两个阶段?主要有以下考虑因素。

(1)使整个编译程序的结构更简洁、清晰和条理化。词法分析比语法分析简单得多,但是源程序结构上的一些细节,常使得识别单词的工作甚为曲折和费时。例如,空白和注释的处理;对于 FORTRAN 那种受书写格式限制的语言,需在识别单词时进行特殊处理等。如果合在语法分析时一并考虑,显然会使得分析程序的结构复杂得多。

(2)编译程序的效率会改进。大部分编译时间是花费在扫描字符以把单词符号分离出来。把词法分析独立出来,采用专门的读字符和分离单词的技术可大大加快编译速度。另外,由于单词的结构可用有效的方法和工具进行描述与识别,进而可建立词法分析器的自动构造工具。

(3)增强编译程序的可移植性。在同一个语言的不同实现中,或多或少地会涉及与设备有关的特征,比如采用 ASCII 还是 EBCDIC 字符编码。另外语言的字符集的特殊性的处理,一些专用符号,如 C 语言中的运算符 "＞＞＝" 的表示等,都可放在词法分析器中解决而不影响编译程序其他成分的设计。词法分析器的主要功能是从字符流的源程序中识别单词,它要从左至右逐个字符地扫描源程序,因此它还可完成其他一些任务。比如,滤掉源程序中的注释和空白(由空格、制表或回车换行字符引起的空白);又比如,为了使编译程序能将发现的错误信息与源程序的出错位置联系起来,词法分析器负责记录新读入字符的具体位置,以便与出错信息相联;再有,在支持宏处理功能的源语言中,可以由词法分析器完成其预处理等。很多工作与源语言的具体要求以及编译程序的整个设计有关,不一一列举。

3.3　单词的描述工具

程序设计语言中的单词(符号)是基本语法符号,其语法(词法)可以用有效的工具如正规文法或正规式加以描述。从形式语言和自动机的角度看,单词的构成一般比较简单,规律性较强，利用正规文法这类描述工具，可以方便地建立词法分析技术，进而可以建立词法分析器的自动构造方法。多数程序设计语言的单词的语法都能用 3 型文法或正规文法来描述。

3.3.1　正规文法

回顾一下正规文法 G=(V_N, V_T, P, S) 的特征，即 P 中的每一条规则(产生式)都有下述形式：

$$A{\rightarrow}aB \text{ 或 } A{\rightarrow}a$$

其中，A、B∈V_N，a∈V_T。正规文法所描述的是 V_T 上的正规集。

程序设计语言中的几类单词可用下述规则描述：

<标识符>→l|l<字母数字>

<字母数字>→l|d|l<字母数字)|d<字母数字)

<无符号整数>→d|d<无符号整数>

<运算符>→+|−|*|/|=|<<等号>|><等号>……

<等号>→=

<界符>→，|;　|(|)|……

其中，l 表示 a～z 中的任何一英文字母，d 表示 0～9 中的任一数字。

关键字也是一种单词，一般由字母构成，其文法描述非常简单，实际上，关键字集合是标识符集合的子集。

无符号实数是比较复杂的一类单词，比如 25.55e+5 和 2.1，它们可以由例 3.1 的规则描述。

例 3.1　无符号实数的文法

<无符号数>→d(余留无符号数)|(十进小数)|e(指数部分)

<余留无符号数>→d<余留无符号数)|<十进小数>|e<指数部分>|ε

<十进小数>→d<余留十进小数>

<余留十进小数>→e<指数部分>|d<余留十进小数>|ε

<指数部分>→d<余留整指数>|s<整指数>

<整指数>→d<余留整指数>

<余留整指数>→d<余留整指数>|ε

其中，s 表示正或负号(+，−)。

3.3.2　正规式

正规式也称正则表达式，是表示正规集的工具，也是用以描述单词符号的方便工具。下面是正规式和它所表示的正规集的递归定义。设字母表为 ∑，辅助字母表为 ∑'={∅，ε，|，.，*，(，)}。

(1) ε 和 ∅ 都是 ∑ 上的正规式，它们所表示的正规集分别为{ε}和 ∅。

（2）任何 a∈∑，a 是 ∑ 上的一个正规式，它所表示的正规集为{a}。

（3）假定 e_1 和 e_2 都是 ∑ 上的正规式，它们所表示的正规集分别为 $L(e_1)$ 和 $L(e_2)$，那么，(e_1)，e_1，$e_1|e_2$，$e_1 \cdot e_2$ 和 e_1^* 也都是正规式，它们所表示的正规集分别为 $L(e_1)$，$L(e_1)$ ∪ $L(e_2)$，$L(e_1)L(e_2)$ 和 $(L(e_1))^*$。

（4）仅由有限次使用上述三个步骤而定义的表达式是 ∑ 上的正规式，仅由这些正规式所表示的字集是 ∑ 上的正规集。

其中的"|"读为"或"（也可使用"+"代替"|"）；"."读为"连接"，在正规式中一般可省略不写；"*"读为"闭包"（即任意有限次的自重复连接）。在不致混淆时，括号可省去，但规定算符的优先顺序为先"*"，再"."，最后"|"。"*"、"."和"|"都是左结合的。

例 3.2　令字母表 ∑={0，1}，则 01(0|1)* 0 是 ∑ 上的正规式，它表示的正规集是 01 打头 0 结尾的 01 串。比如 0100，0110，01000，01010，01100，01110，010000，011110 等都是该正规式所表示的集合中的元素。

例 3.3　令字母表 ∑={d，.，e，+，−}，则 ∑ 上的正规式 $d^*(.dd^*|ε)(e(+|-|ε)dd^*|ε)$ 表示的正规集是无符号数。其中 d 为 0～9 中的数字。比如 46，2012，3.14，8.6e2 和 471.88e-1 等都是该正规式所表示的集合中的元素。

例 3.4　令字母表 ∑={a，b}，则 ∑ 上的正规式和相应的正规集可举例如下：

正规式	正规集
A	{a}
a|b	{a，b}
ab	{ab}
(a|b)(a|b)	{aa，ab，ba，bb}
a^*	{ε，a，aa，…任意个 a 的串}
$(a\|b)^*$	{ε，a，b，aa，bb，…所有 a，b 组成的串}
$(a\|b)^*(aa\|bb)(a\|b)^*$	$∑^*$ 上所有含有两个相继的 a 或两个相继的 b 组成的串

若两个正规式 e_1 和 e_2 所表示的正规集相同，则 e_1 和 e_2 等价，写作 $e_1=e_2$，例如若 $e_1=a|b$，$e_2=b|a$，则有 $e_1=e_2$ 即 a|b=b|a，又如 $b(ab)^*=(ba)^*b$，$(a|b)^*=(a^*b^*)^*$。

设 r，s，t 为正规式，正规式服从的代数规律有：

r|s=s|r	"或"的交换律
r|(s|t)=(r|s)|t	"或"的结合律
(rs)t=r(st)	"连接"的结合律
r(s|t)=rs|rt，(s|t)r=sr|tr	分配律
εr=r，rε=r	ε 是"连接"的恒等元素
r|r=r	"或"的抽取律

例 3.3 给出了定义无符号数的正规式，事实上，程序设计语言中的单词都能用正规式来定义。比如，正规式 $e_2=dd^*$ 则定义了无符号整数；∑={字母，数字}上的正规式 $e_1=$字母(字母|数字)*表示的是所有标识符的集合，或者用 l 代表字母，d 代表数字，∑={l，d}，则 $e_1=(l|d)^*$。

3.3.3 正规文法和正规式的等价性

一个正规语言可以由正规文法定义，也可以由正规式定义。对任意一个正规文法，存在一个定义同一语言的正规式；反之，对每个正规式，存在一个生成同一语言的正规文法。有些正规语言很容易用文法定义，有些语言更容易用正规式定义，本节介绍两者间的转换方法，从而说明它们的等价性。

1. 将字母表 $\sum$ 上的一个正规式 r 转换成文法 $G=(V_N, V_T, P, S)$

令文法 G 中的 $V_T=\sum$，确定产生式和 V_N 的元素用如下办法。

选择一个非终结符 S 生成产生式 S→r，并将 S 定义为 G 的开始符号。为了表述方便，将 S→r 称作正规式产生式，因为在产生式的右部中含有的“.”，“*”或“|”等正规式符号不是 V 中的符号。

变换规则 1 若 x 和 y 都是正规式，对形如 A→xy 的产生式，重写成：

A→xB

B→y

其中 B 是从非终结符集合中新选择的符号，即 $B \in V_N$。

变换规则 2 对于形如 A→x*y 的产生式，重写成：

A→xB

A→y

B→xB

B→y

其中 B 为一新非终结符。

变换规则 3 对形如 A→x|y 的产生式，重写成：

A→x

A→y

不断利用上述规则做变换，就可以使每个产生式都符合正规文法的形式，从而就将正规式转换为相应的正规文法。

例 3.5 将 $r=a(a|d)^*$ 转换成相应的正规文法。

令 S 是文法的开始符号，首先形成正规式产生式 $S \to a(a|d)^*$。

利用变换规则 1，形成 S→aA 和 $A \to (a|d)^*$。

利用变换规则 2，形成 S→aA，A→ε，A→(a|d)B，B→ε，B→(a|d)B。

利用变换规则 3 和分配律，就可变换为符合正规文法产生式的形式：

S→aA

A→ε

A→aB

A→dB

B→ε

B→aB

B→dB

2. 将正规文法 G=(V_N, V_T, P, S) 转换成正规式 r

这里采用的方法基本上是上述过程的逆过程，其转换规则列于表 3.1。转换结果只剩下一个开始符号 S 定义的产生式，并且该产生式的右部不含非终结符，而是含有终结符和"."，"*"或"|"等正规式符号。

表 3.1　正规文法转换成正规式的规则

转换规则	文法产生式	正规式
规则 1	A→xB，B→y	A→xy
规则 2	A→xA|y	A→x*y
规则 3	A→x，A→y	A→x|y

例 3.6　正规文法 G[S]为

S→aA

S→a

A→aA

A→dA

A→a

A→d

将其转换为正规式。

先由正规文法列出等式：

S=aA|a

A=(aA|dA)|(a|d)

再将 A 的正规式变换为：A=(a|d)A|(a|d)

进一步变换为：A=(a|d)*(a|d)

再将 A 右端代入 S 正规式得：S=a(a|d)*(a|d)|a

再利用正规式的代数变换可依次得到：

S=a((a|d)*(a|d)|ε)

S=a(a|d)*

即与正规文法 G[S]等价的正规式 r=a(a|d)*。

可以看出例 3.6 求正规式所用方法正好是例 3.5 采用方法的逆过程，所得到的正规式与例 3.5 的正规式相同。从而说明正规式与正规文法是等价的。

3.4 有限自动机

自动机理论是计算机科学的重要基石，它主要用于研究抽象机和它们能解决的问题。自动机理论与形式语言理论密切相关联，因为自动机常常按它所能识别的语言来分类，自动机接受的所有字串构成了自动机识别的语言 L(M)。在 2.3 节讨论乔姆斯基定义的 4 类文法和语言时，表 2.1 分别列出了能识别这 4 类语言的 4 类自动机，其中，有限自动机用于识别 3 型语言或正规语言。

有限自动机(finite automata，FA)，也称作有穷自动机，是一种识别装置，可以用来识别正规文法所定义的语言和正规式所表示的集合。有限自动机在软件开发领域通常被称作有限状态机(finite state machine)，是一种应用非常广泛的软件设计模式(design pattern)。有限状态自动机除了在理论上的价值，还在数字电路设计、词法分析、文本编辑器程序等领域得到广泛应用。编译器构造中引入有限自动机理论，正是为词法分析器的自动构造提供有效的方法和工具。

有限自动机分为两类：确定的有限自动机(deterministic finite automata，DFA)和不确定的有限自动机(nondeterministic finite automata，NFA)。需要注意的是，不确定的有限自动机可以转换为确定的有限自动机。本节将讨论确定的有限自动机和不确定的有限自动机的定义、相关概念及不确定的有限自动机的确定化、确定的有限自动机的最小化等内容。

3.4.1 确定的有限自动机(DFA)

一个确定的有限自动机(DFA)M 是一个五元组：$M=(K, \sum, f, S, Z)$，其中：

K 是一个有限集合 $\{k_0, k_1, \cdots, k_n\}$，它的每个元素 k_i 称为一个状态；

$\sum$ 是一个有限字母表 $\{a_1, a_2, \cdots, a_n\}$，它的每个元素 a_i 称为一个输入字符，所以也称 $\sum$ 为输入符号字母表；

f 是转换函数，是在 $K \times \sum \to K$ 上的映像，即如果 $f(k_i, a_i)=k_j(k_i \in K, k_j \in K, a_i \in \sum)$，就意味着，当前状态为 k_i，输入字符为 a_i 时，将转换到下一状态 k_j，把 k_j 称作 k_i 的一个后继状态；

$k_0 \in K$ 是唯一的一个初态；

$Z \subset K$ 是一个终态集，终态也称可接受状态或结束状态。

有限自动机可以用状态转换图或状态转换矩阵两种方式表示。

1. 用状态转换图表示有限自动机

一个 DFA 可以表示成一个状态图(即状态转换图)。假定 DFA M 含有 m 个状态，n 个输入字符，那么这个状态图含有 m 个结点(用圆圈表示)，每个结点最多有 n 个弧射出，整个图含有唯一一个初态结点和若干个终态结点，初态结点用符号"⇒"指向，或标以

"–"；终态结点用双圈表示或标以"+"；若 $f(k_i, a)=k_j$，则从状态结点 k_i 到状态结点 k_j 画标记为 a 的弧。

例 3.7　令 DFA M=({S, U, V, Q}, {a, b}, f, S, {Q})，其中 S 为初态，{Q}为终态集，转换函数 f 定义为

$$f(S, a)=U \qquad f(V, a)=U$$
$$f(S, b)=V \qquad f(V, b)=Q$$
$$f(U, a)=Q \qquad f(Q, a)=Q$$
$$f(U, b)=V \qquad f(Q, b)=Q$$

则该 DFA 的状态转换图如图 3.1 所示。

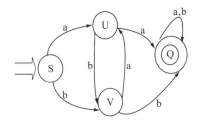

图 3.1　状态转换图表示

2. 用状态转换矩阵表示有限自动机

一个 DFA 还可以用一个矩阵表示(即状态转换矩阵)，该矩阵中行表示状态，列表示输入字符，矩阵元素表示相应状态行和输入字符列下所对应的新状态，即 k 行 a 列为 $f(k, a)$ 的值。矩阵中可用"⇒"标明初态，若未标明，则默认第一行为初态；终态在表的右端用 1 标明，非终态用 0 标明。例 3.7 中的 DFA 的转换矩阵表示如图 3.2 所示。

状态＼符号	a	b	
S	U	V	0
U	Q	V	0
V	U	Q	0
Q	Q	Q	1

图 3.2　状态转换矩阵表示

对于 $\sum^*$ 中的任何字符串 t，若存在一条从初态点到某一终态结点的道路，且这条路上所有弧的标记符连接成的字符串等于 t，则称 t 可为 DFA M 所接受，若 M 的初态结点又是终态结点，则空字可为 M 所识别(接受)。

换一种方式，可叙述如下：

若 $t \in \sum^*$，$f(S, t)=P$，其中 S 为 DFA M 的开始状态，$P \in Z$，Z 为终态集，则称 t 可为 DFA M 所接受(识别)。

为了描述一个符号串 t 可为 DFA M 所接受，需要将转换函数扩充；设 $Q \in K$，函数 $f(Q, \varepsilon)=Q$，即如输入字符是空串，则仍停留在原来的状态上；还需要借助下述定义：一个输入符号串 t，(将它表示成 $t_1 t_x$ 的形式，其中 $t_1 \in \sum$，$t_x \in \sum^*$)在 DFA M 上运行的定义为

$$f(Q, t_1 t_x)=f(f(Q, t_1), t_x)$$

例如，试证 baab 可为例 3.5 的 DFA 所接受。

因为 $f(S, baab)=f(f(S, b), aab)=f(V, aab)=f(f(V, a), ab)=f(U, ab)=f(f(U, a), b)=f(Q, b)=Q$，Q 属于终态，得证。

DFA M 所能接受的字符串的全体(字的全体)记为 L(M)。

结论 $\sum$ 上的一个字符串集 $V \subset \sum^*$ 是正规的，当且仅当存在一个 $\sum$ 上的确定有限自动机 M，使得 V=L(M)。

DFA 的确定性表现在转换函数 $f: K \times \sum \to K$ 是一个单值函数，也就是说，对任何状态 $k \in K$，和输入符号 $a \in \sum$，$f(k, a)$ 唯一地确定了下一个状态。从状态转换图来看，若字母表 $\sum$ 含有 n 个输入字符，那么任何一个状态结点最多有 n 条弧射出，而且每条弧以一个不同的输入字符标记。

3.4.2 不确定的有限自动机(NFA)

一个不确定的有限自动机(NFA)M 是一个五元组，$M=(K, \sum, f, S, Z)$，其中：

K 是一个有限集，它的每个元素称为一个状态；

$\sum$ 是一个有限字母表，它的每个元素称为一个输入字符；

f 是一个从 $K \times \sum^*$ 到 K 的子集的映像。即 $K * \sum^* \to 2^k$，其中 2^k 表示 K 的幂集；

$S \subset K$，是一个非空初态集；

$Z \subset K$，是一个终态集。

一个含有 m 个状态和 n 个输入字符的 NFA 可表示成如下的一张状态转换图：这张图含有 m 个状态结点，每个结点可射出若干条箭弧与别的结点相连接，每条弧用 $\sum^*$ 中的一个串作标记，整个图至少含有一个初态结点以及若干个终态结点。

例3.8 一个 NFA $M=(\{0, 1, 2, 3, 4\}, \{a, b\}, f, \{0\}, \{2, 4\})$，其中：

$f(0, a)=\{0, 3\}$ $\qquad\qquad$ $f(2, b)=\{2\}$

$f(0, b)=\{0, 1\}$ $\qquad\qquad$ $f(3, a)=\{4\}$

$f(1, b)=\{2\}$ $\qquad\qquad$ $f(4, a)=\{4\}$

$f(2, a)=\{2\}$ $\qquad\qquad$ $f(4, b)=\{4\}$

它的状态图表示如图 3.3 所示。

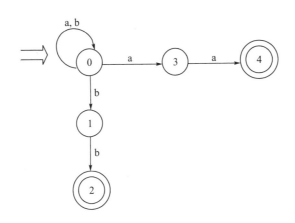

图 3.3　NFA M

一个 NFA 也可以用一个矩阵表示，另外一个输入符号串在 NFA 上"运行"的定义也类似于对 DFA 给出的形式，留给读者自己练习。

对于 $\sum^*$ 中的任何一个串 t，若存在一条从某一初态结到某一终态结的道路，且这条道路上所有弧的标记字依序连接成的串(不必考虑标记为 ε 的弧)等于 t，则称 t 可被 NFA M 所识别(接受或读出)。若 M 的某些结点既是初态结点又是终态结点，或者存在一条从某个初态结点到某个终态结点的 ε 道路，那么空字可为 M 所接受。

例 3.6 中的 NFA M 所能识别的是那些含有相继两个 a 或相继两个 b 的串。

显然 DFA 是 NFA 的特例。对于每个 NFA M，存在一个 DFA M′，使得 L(M)=L(M′)。对于任何两个有限自动机 M 和 M′，如果 L(M)=L(M′)，则称 M 与 M′ 是等价的。

3.4.3 节将介绍一种算法，对于给定的 NFA M，构造其等价的 DFA M′。

3.4.3　NFA 转换为等价的 DFA

在有限自动机的理论里，有这样的定理：设 L 为一个由不确定的有限自动机接受的集合，则存在一个接受 L 的确定的有限自动机。本书不对定理进行证明，只介绍一种算法，将 NFA 转换成接受同样语言的 DFA，这种算法称为子集法。

从 NFA 的矩阵表示中可以看出，表项通常是一个状态的集合，而在 DFA 的矩阵表示中表项是一个状态，NFA 到相应的 DFA 的构造的基本想法是让 DFA 的每一个状态对应 NFA 的一组状态。也就是让 DFA 使用它的状态去记录在 NFA 读入一个输入符号可能达到的所有状态，在读入输入符号串 $a_1a_2\cdots a_n$ 之后，DFA 处在那样一个状态，该状态表示这个 NFA 的状态的一个子集 T，T 是从 NFA 的开始状态沿着某个标记为 $a_1a_2\cdots a_n$ 的路径可能到达的那些状态构成的。

为介绍算法首先定义对状态集合 I 的几个有关运算。

(1)状态集合 I 的 ε—闭包，表示为 ε—closure(I)，定义为一状态集 I 中的任何状态 S 经任意条 ε 弧而能到达的状态的集合。

回顾在前面章节对转换函数的扩充：如输入字符是空串，则自动机仍停留在原来的状态上，显然，状态集合 I 的任何状态 S 都属于 ε—closure(I)。

(2)状态集合 I 的 a 弧转换，表示为 move(I，a)定义为状态集合 J，其中 J 是所有那些可从 I 中的某一状态经过一条 a 弧而到达的状态的全体。

用图 3.4 的 NFA N 的状态集合来理解上述两个运算。

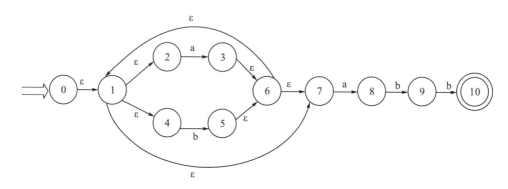

图 3.4　NFA N

ε—closure(0)={0，1，2，4，7}。

{0，1，2，4，7}中的任一状态都是从 0 状态经任意条 ε 弧可到达的状态，令{0，1，2，4，7}=A，则 move(A，a)={3，8}，因为在状态 0，1，2，4 和 7 中，只有状态 2 和 7 有 a 弧射出，分别到达状态 3 和 8。

ε—closure({3，8})={1，2，3，4，6，7，8}。

对于一个 NFA $N=(K，\sum，f，K_0，K_t)$ 来说，若 I 是 K 的一个子集，不妨设 I={s_1，s_2，…，s_j)，a 是 $\sum$ 中的一个元素，则 move(I，a)=f(s_1，a)$\cup$f(s_2，a)$\cup$…$\cup$f(s_j，a)。

假设 NFA $N=(K，\sum，f，K_0，K_t)$ 按如下办法构造一个 DFA $M=(S，\sum，D，S_0，S_t)$ 使得 L(M)=L(N)：

(1)M 的状态集 S 由 K 的一些子集组成(构造 K 的子集的算法将在后面给出)。用[S_1，S_2，…，S_j]表示 S 的元素，其中 S_1，S_2，…，S_j 是 K 的状态。并且约定，状态 S_1，S_2，…，S_j 是按某种规则排列的，即对于子集{S_1，S_2}={S_2，S_1}来说，S 的状态就是[S_1，S_2]；

(2)M 和 N 的输入字母表是相同的，即是 $\sum$；

(3)转换函数 D 是这样定义的：D([S_1，S_2，…，S_j]，a)=[R_1，R_2，…，R_i]，其中，ε—closure(move([S_1，S_2，…，S_j]，a))=[R_1，R_2，…，R_i]；

(4)S_0=ε—closure(K_0)为 M 的开始状态；

(5)S_0=([S_j，S_k，…，S_e]，其中(S_j，S_k，…，S_e)∈S 且{S_j，S_k，…，S_e}∩K_t≠∅。

下面给出构造 NFA N 的状态 K 的子集的算法，如图 3.5 所示。假定所构造的子集族为 C，即 C=(T_1，T_2，…，T_i)，其中 T_1，T_2，…，T_i 为状态 K 的子集。

例 3.9　应用图 3.5 的算法对图 3.4 的 NFA N 构造子集，步骤如下：

(1)首先计算 ε—closure(0)，令 T_0=ε—closure(0)={0，1，2，4，7}，T_0 未被标记，它现在是子集族 C 的唯一成员。

1.开始，令ε-closure(K₀)为C中唯一成员，并且它是未被标记的。

2.While(C中存在尚未被标记的子集T) do

{标记T;

for每个输入字母a do

{U：=ε-closure(Move(T,a));

if U不在C中　then

将U作为未被标记的子集加在C中

}

}

图 3.5　子集构造算法

(2)标记 T_0：令 $T_1=\varepsilon—closure(move(T_0,a))=\{1,2,3,4,6,7,8\}$，将 T_1 加入 C 中，T_1 未被标记。

(3)标记 T_1：计算 $\varepsilon—closure(move(T_1,a))$，结果为 $\{1,2,3,4,6,7,8\}$，即 T_1，T_1 已在 C 中。计算 $\varepsilon—closure(move(T_1,b))$，结果为 $\{1,2,4,5,6,7,9\}$，令其为 T_3，T_3 加至 C 中。它未被标记。

(4)标记 T_2：计算 $\varepsilon—closure(move(T_2,a))$，结果为 $\{1,2,3,4,6,7,8\}$，即 T_1，T_1 已在 C 中。计算 $\varepsilon—closure(move(T_2,b))$，结果为 $\{1,2,4,5,6,7\}$，即 T_2，T_2 已在 C 中。

(5)标记 T_3：计算 $\varepsilon—closure(move(T_3,a))$，结果为 $\{1,2,3,4,6,7,8\}$，即 T_1。计算 $\varepsilon—closure(move(T_3,b))$，结果为 $\{1,2,4,5,6,7,10\}$，令其为 T_4，加入 C 中，T_4 未被标记。

(6)标记 T_4，计算 $\varepsilon—closure(move(T_4,a))$，结果为 $\{1,2,3,4,6,7,8\}$，即 T_1。计算 $\varepsilon—closure(move(T_4,b))$，结果为 $\{1,2,4,5,6,7\}$，即 T_2。

至此，算法终止共构造了 5 个子集：

$T_0=\{0,1,2,4,7\}$；$T_1=\{1,2,3,4,6,7,8\}$；

$T_2=\{1,2,4,5,6,7\}$；$T_3=\{1,2,4,5,6,7,9\}$；

$T_4=\{1,2,4,5,6,7,10\}$。

那么图 3.4 的 NFA N 构造的 DFA M 为

(1) $S=\{[T_0],[T_1],[T_2],[T_3],[T_4]\}$。

(2) $\sum=\{a,b\}$。

(3) $D([T_0],a)=[T_1]$　　$D([T_3],a)=[T_1]$

$D([T_0],b)=[T_2]$　　$D([T_3],b)=[T_4]$

$D([T_1],a)=[T_1]$　　$D([T_4],a)=[T_1]$

$D([T_1],b)=[T_3]$　　$D([T_4],b)=[T_2]$

$D([T_2],a)=[T_1]$

$D([T_2],b)=[T_2]$。

(4) $S_0 = [T_0]$。

(5) $S_t = [T_4]$。

不妨将 $[T_0]$, $[T_1]$, $[T_2]$, $[T_3]$, $[T_4]$ 重新命名, 用 A, B, C, D, E 或用 0, 1, 2, 3, 4 分别表示。若采用后者, 该 DFA M 的状态转换图如图 3.6 所示。

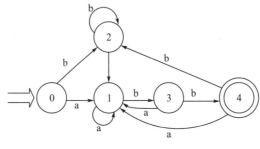

图 3.6　DFA M

3.4.4　确定有限自动机的化简

一个有限自动机是化简了的, 即它没有多余状态并且它的状态中没有两个是互相等价的。一个有限自动机可以通过消除多余状态和合并等价状态而转换成一个最小的与之等价的有限自动机。

有限自动机的多余状态, 是指这样的状态: 从该自动机的开始状态出发, 任何输入串也不能到达的那个状态。如图 3.7(a) 的有限自动机 M 中的状态 S_4 便是无用状态。

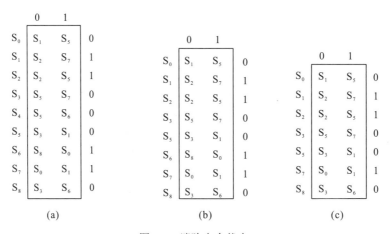

图 3.7　消除多余状态

对于给定的有限自动机, 如果它含有多余状态, 可以非常简单地将多余状态消除, 而得到与它等价的有限自动机, 如图 3.7(a) 的状态 S_4 连同状态 S_4 射出的两个弧消除, 得到如图 3.7(b) 的有限自动机。而在图 3.7(b) 中, 状态 S_6 和 S_8 也是不能从开始状态经由任何输入串而到达的, 也将它们连同由它们射出的弧消除而得到如图 3.7(c) 的有限自动机。

在有限自动机中，两个状态 s 和 t 等价的条件是：

(1)一致性条件——状态 s 和 t 必须同时为可接受状态或不可接受状态；

(2)蔓延性条件——对于所有输入符号，状态 s 和状态 t 必须转换到等价的状态里。

如果有限自动机的状态 s 和 t 不等价，则称这两个状态是可区别的。显然在图 3.6 的 DFA M 中，状态 0 和 4 是可区别的，因为状态 4 是可接受态(终态)，而 0 是不可接受态。又如状态 2 和 3 是可区别的，因为状态 2 读出 b 后到达 2，状态 3 读出 b 后到达 4，而状态 2 和 4 是不等价的。

本书介绍"分割法"，来把一个 DFA(不含多余状态)的状态分成一些不相交的子集，使得任何不同的两子集的状态都是可区别的，而同一子集中的任何两个状态都是等价的。通过将此方法施于图 3.8 的 DFA M 上来做一介绍。

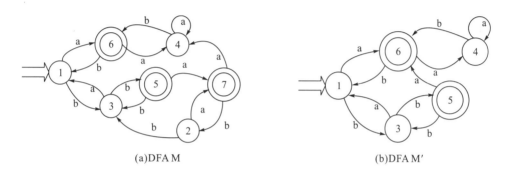

(a)DFA M　　　　　　　　　　　　　　　(b)DFA M′

图 3.8　DFA M 和 DFA M′

例 3.10　将图 3.8 中的 DFA M 最小化。

首先将 M 的状态分成两个子集：一个由终态(可接受态)组成，一个由非终态组成，这个初始划分 P_0 为：P_0=({1，2，3，4}，{5，6，7})，显然第 1 个子集中的任何状态都不与第 2 个子集中的状态等价。

现在观察第一个子集{1，2，3，4}，在读入输入符号 a 后，状态 3 和 4 分别转换为第一个子集中所含的状态 1 和 4，而状态 1 和 2 分别转换为第二个子集中所含的状态 6 和 7，这就意味着{1，2}中的状态和{3，4}中的任何状态在读入 a 后到达了不等价的状态，因此 {1，2}中的任何状态与{3，4}中的任何状态都是可区别的，因此得到了新的划分 P，如下：

$$P_1=(\{1，2\}\{3，4\}\{5，6，7\})$$

下面试图在 P 中寻找一个子集和一个输入符号使得这个子集中的状态可区别，n 中的子集{3，4}对应输入符号 a 将再分割，而得到划分 P_2=({1，2}，{3}，{4}，{5，6，7})。

P_2 中的{5，6，7}可由输入符号 a 或 b 而分割，得到划分 P_3=({1，2}，{3}，{4}，{5}，{6}，{7})。

经过考察，P_3 不能再划分了。令 1 代表{1，2}消去 2，令 6 代表{6，7}，消去 7，便得到了图 3.8(b)的 DFA M′，它是图 3.8(a)的 DFA M 的最小化。

比起原来的有限自动机，简化了的有限自动机具有较少的状态，因而在计算机上实现起来更简洁。

3.5   正规式和有限自动机的等价性

正规式和有限自动机的等价性由以下两点说明：

(1) 对于 $\sum$ 上的 NFA M，可以构造一个 $\sum$ 上的正规式 R，使得 L(r)=L(M)；

(2) 对于 $\sum$ 上的每个正规式 R，可以构造一个 $\sum$ 上的 NFA M，使得 L(M)=L(r)。

首先介绍如何为 $\sum$ 上的 NFA M 构造相应的正规式 r。

把状态转换图的概念拓广，令每条弧可用一个正规式作标记。

第一步，在 M 的状态转换图上加进两个结，一个为 x 结点，一个为 y 结点。从 x 结点用 ε 弧连接到 M 的所有初态结点，从 M 的所有终态结点用 ε 弧连接到 y 结点。形成一个与 M 等价的 M′，M′ 只有一个初态 x 和一个终态 y。

第二步，逐步消去 M′ 中的所有结点，直至只剩下 x 和 y 结点。在消结过程中，逐步用正规式来标记弧。其消结的规则如下：

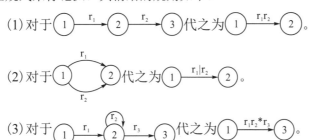

最后 x 和 y 结点间的弧上的标记则为所求的正规式 r。

例 3.11   以例 3.8 的 NFA M 为例，M 的状态图如图 3.3，求正规式 r，使 L(r)=L(M)。

第一步，加 x 和 y 结点，形成如图 3.9(a) 所示的 M′。

第二步，逐步消去 M′ 的结点，消去 1 和 3 之后如图 3.9(b) 所示；再消去点 2 和 4 后如图 3.9(c) 所示，再消去 0 结，最后只剩下 x 和 y 结点如图 3.9(d) 所示。

r=(a|b)*(aa|bb)(a|b)* 即为所求。

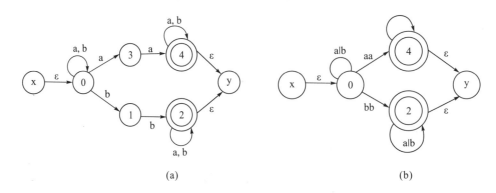

(a)   (b)

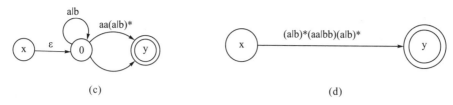

图 3.9　例 3.11 图示

下面介绍从 Σ 上的一个正规式 r 构造 Σ 上的一个 NFA M，使得 L(M)=L(r) 的方法。本书所介绍的方法称为"语法制导"，即按正规式的语法结构指引构造过程，首先将正规式分解成一系列子表达式，然后使用如下规则为 r 构造 NFA，对 r 的各种语法结构的构造规则具体描述如下。

（1）基本情况。

①对于正规式 $\varnothing$ 所构造的 NFA 为

②对于正规式 ε 所构造的 NFA 为

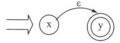

③对于正规式 a，$a \in \Sigma$ 所构造的 NFA 为

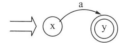

（2）复杂情况。

若 s，t 为 Σ 上的正规式，相应的 NFA 分别为 N(s) 和 N(t)，则

①对正规式，r=s|t，所构造的 NFA(r) 如下：

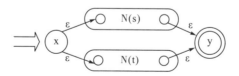

其中 x 是 NFA(r) 的初态，y 是 NFA(r) 的终态，x 到 N(s) 和 N(t) 的初态各有一个 ε 弧，从 N(s) 和 N(t) 的终态各有一个 ε 弧到 y，现在 N(s) 和 N(t) 的初态或终态已不作为 N(r) 的初态和终态了。

②对正规式，r=st，所构造的 NFA(r) 为

其中 N(s) 的初态成了 N(r) 的初态，N(t) 的终态成了 N(r) 的终态。N(s) 的终态与 N(t) 的初态合并为 N(r) 的一个既不是初态也不是终态的状态。

③对于正规式 r=s*，NFA(r) 为

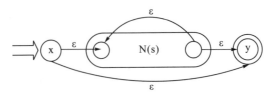

这里 x 和 y 分别是 NFA(r) 的初态和终态，从 x 引 ε 弧到 N(s) 的初态；从 N(s) 的终态引 ε 弧到 y，从 x 到 y 引 ε 弧，同样 N(s) 的终态可沿 ε 弧的边直接回到 N(s) 的初态。N(s) 的初态或终态不再是 N(r) 的初态和终态。

④正规式 (s) 的 NFA 同 s 的 NFA 一样。

例 3.12 为 r=(a|b)*abb 构造 NFA N，使得 L(N)=L(r)。

从左到右分解 r，令 r_1=a，第一个 a，则有

$$\Longrightarrow ② \xrightarrow{a} ③$$

令 r_2=b，则有

$$\Longrightarrow ④ \xrightarrow{b} ⑤$$

令 r_3=r_1|r_2，则有

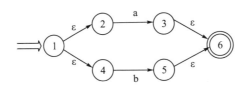

令 r_4=r_3^*，则有

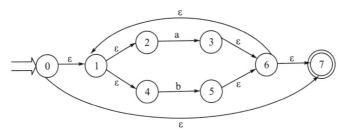

令 r_5=a，r_6=b，r_7=b，r_8=$r_5$$r_6$，$r_9$=$r_8$$r_7$，则有

$$\Longrightarrow ⑦ \xrightarrow{a} ⑧ \xrightarrow{b} ⑨ \xrightarrow{b} ⑩$$

令 r_{10}=$r_4$$r_9$，则最终得到图 3.4 的 NFA N 即为所求。

其实，分解 r 的方式很多，图 3.10 可分别表明另一种分解方式和所构造的 NFA。

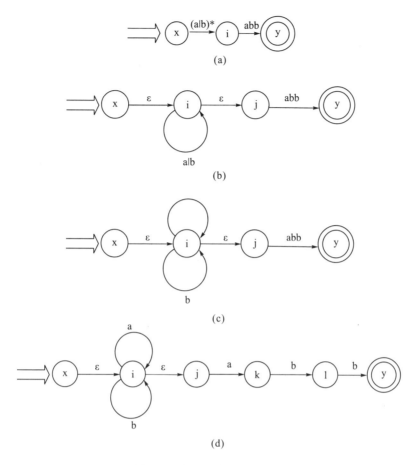

图 3.10 从正规式 r 构造 NFA

3.6 正规文法和有限自动机的等价性

前面提到，常常使用正规文法描述正规集，正规文法与有限自动机有特殊关系，采用下面的规则可从正规文法 G 直接构造一个有限自动机 NFA M，使得 L(M)=L(G)。

(1) M 字母表与 G 的终结符集相同；

(2) 为 G 中的每个非终结符生成 M 的一个状态，(不妨将 G 中每个非终结的名字与 M 中的状态名取成相同的名字，) G 的开始符号 S 是开始状态 S；

(3) 增加一个新状态 Z，作为 NFA 的终态；

(4) 对 G 中的形如 A→tB 其中 t 为终结符或 ε，A 和 B 为非终结符的产生式，构造 M 的一个转换函数 f(A，t)=B；

(5) 对 G 中形如 A→t 的产生式，构造 M 的一个转换函数 f(A，t)=Z。

例 3.13 与文法 G[S]等价的 NFA M 如图 3.11 所示。

G[S]：S→aA

S→bB

S→ε

A→aB

A→bA

B→aS

B→bA

B→E

尽管在编译程序的设计和构造中很少需要将有限自动机转换成等价的正规文法，但仍介绍一下这个算法。可以看到，转换规则非常简单：对转换函数 f(A, t)=B，可写一产生式：

A→tB

对可接受状态 Z，增加一产生式：

Z→ε

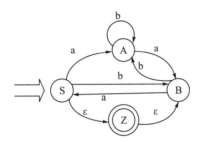

图 3.11　与 G[S] 等价的 NFA M

此外，有限自动机的初态对应文法开始符，有限自动机的字母表为文法的终结符号集。

例 3.14　给出与图 3.12 的 NFA 等价的正规文法 G。

G=({A, B, C, D}, {a, b}, P, A)，其中 P 为

A→aB　　　　C→ε

A→bD　　　　D→aB

B→bC　　　　D→bD

C→aA　　　　D→ε

C→bD

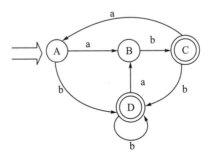

图 3.12　NFA

至此，可以认识到三者，即正规文法、正规表达式和有限自动机中的等价性。

3.7　词法分析器的自动构造工具

现在可以看到,正规式用于说明(描述)单词的结构十分清晰。而把一个正规式编译(或称转换)为一个 NFA 进而转换为相应的 DFA,这个 NFA 或 DFA 正是识别该正规式所表示的语言的句子的识别器。基于这种方法来构造词法分析器的工具很多。本书以 LEX 为例介绍如何从正规式产生识别该正规式所描述的单词的词法分析器。

LEX 是一个广泛使用的工具,UNIX 系统中使用 lex 命令调用。它用于构造各种各样语言的词法分析器。本书称这个工具为 LEX 编译系统,它的源语言称为 LEX 语言,LEX 编译程序的作用如图 3.13 所示。

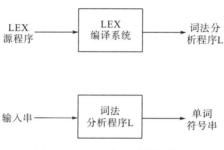

图 3.13　LEX 编译系统的作用

图 3.13 表明,LEX 编译系统(在不致引起混淆的情况下,称为 LEX),读入 LEX 语言的程序(该程序是对一个词法分析器的说明或描述),产生一个词法分析器。在 UNIX 环境中,Lex.1 为 LEX 的源程序,Lex.yy.c 为 LEX 的目标程序,Lex.yy.c 是一个 C 程序,它包括从正规式构造的表格形式表示的转换图,以及使用该表格识别单词的标准子程序。在 Lex.1 中有一些 C 代码段,它们是与正规式相联系的动作,比如登录名字表等,是词法分析器需要执行的动作。

Lex.yy.c 程序经由 C 编译生成目标文件 a.out,这是词法分析器,它可以将输入字符流变换成单词流。使用 LEX 生成词法分析器的过程如图 3.14 所示。

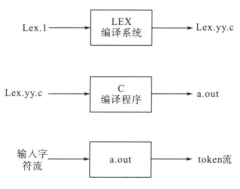

图 3.14　使用 LEX 生成词法分析器

LEX 程序由三部分组成：说明部分、转换规则和辅助过程，用％％做间隔符。格式为

说明部分

％％

转换规则

％％

辅助过程

说明部分包括变量说明、常量说明和正规定义，正规定义是形式如下的一系列定义：

$d_1 \rightarrow r_1$

$d_2 \rightarrow r_2$

$\cdots$

$d_n \rightarrow r_n$

其中 $\sum$ 是基本字母表，每个 d_i 是不同的名字，每个 r_i 是在 $\sum \cup \{d_1, d_2, \cdots, d_n\}$ 上的正规式，即基本字母表和前面定义的名字。正规定义的 d_i 用作转换规则中出现的正规表达式的成分使用。有些 LEX 实现版本并不需要 "→"。

转换规则是如下形式的语句：

$P_1 \{action\ l\}$

$P_2 \{action\ 2\}$

$\cdots$

$P_n \{action\ n\}$

其中每个 P_i 是一个正规式，是 $\sum \cup \{d_1, d_2, \cdots, d_n\}$ 上的正规式；每个 action i 是一段 C 程序代码，当然，一般应是任何实现语言的代码段。它指出在识别出 P_i 所描述的单词之后，词法分析器所应采取的动作。

第三部分容纳的是 action 所需要的辅助过程，这些过程可以分别编译并置于词法分析器中。

习　题

3.1　词法分析器的作用是什么？如何理解词法分析得到的"单词"？

3.2　词法分析器有哪几种工作方式？各有何特点？

3.3　词法分析器输出的单词符号如何分类？不同的分类方法有何好处？

3.4　构造下列正规式相应的 DFA：

(1) b(a|b)*abab。

(2) 0((0|1)*|01*1)*0。

3.5　对下面的 FA，将它确定化并最小化。

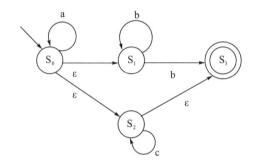

3.6　给出下述文法所对应的正规式：

S→0A|1B

A→1S|1

B→0S|0

3.7　构造下述文法 G[S]的自动机：

S→A0

S→A0|S1|0

该自动机是确定的吗？若不确定，则对它确定化。该自动机可识别的语言是什么？

3.8　试用有限自动机理论证明下列正规表达式是等价的。

(1) (a|ba)*b。

(2) (a*ba)*a*b。

实践项目一

项目名称：实现词法分析器

项目要求：按照 CDIO 规范，设计并实现某个高级语言（如 C 或 JAVA）的词法分析器，对读入的源程序，输出相应的 Token 二元式序列。

注意：可以用 LEX 来实现。

所提交实践报告应包括：

    (1) 实验目标。

    (2) 实现方案。

    (3) 实现步骤。

    (4) 结构算法。

    (5) 测试用例。

    (6) 运行结果。

    (7) 实践体会。

第4章 自顶向下语法分析

语法是单词序列形成句型或句子的方法。语法分析的作用是识别由词法分析给出的单词序列是否是给定文法的正确句子(程序)。自然语言中也经常要使用语法分析,比如在学习英语课程时,会对一个英语句子进行语法分析,分析一个句子在语法层面是否合法。编译中的语法分析的含义与自然语言类似,它的主要任务是接受编译器上一阶段词法分析的输出——单词序列,然后确定这些单词序列是否在语法上是一个有效的句子。

4.1 自顶向下语法分析概述

语法分析(syntax analysis)是编译程序的核心部分。词法分析只是将字符形式的源程序中的各个单词识别出来,形成单词的机内表示形式,但是这些单词串如何构成更大的语法成分——语句,那就由语法分析来完成。语法分析的主要任务就是"组词成句",即在词法分析识别出单词串的基础上,根据语言的语法规则,识别出各类语法成分,如"语句""程序"等。本书将完成语法分析任务的程序称为语法分析程序,也称为语法分析器,简称分析器。

程序设计语言的语法结构是用上下文无关文法描述的,因此,语法分析器的实现原理就是按所给定的文法 G,识别输入符号串 α 是否为一个句子(即 α∈L(G) 成立吗?),同时检查和处理语法错误。语法分析的关键是句型识别问题。给定一串单词(即文法的终结符),怎样知道它是不是该文法产生的一个句子呢?可以利用推导,或者利用语法树来进行判断。一般来说,语法分析的过程就是为一个句子建立语法树的过程。

常用的语法分析主要分为两类:自顶向下分析法和自底向上分析法。自顶向下分析法是从一棵语法分析树的根结点开始,不断向底部叶子结点构造语法分析树,这一过程往往又称为推导。自底向上分析法是从语法分析树的叶子结点开始,不断向语法分析树的顶端根结点进行归化约减,故而这一过程又称为归约。

自顶向下分析法也称面向目标的分析方法,在对输入串进行最左推导的过程中,在选择产生式时其实是一种试探方法,如果每一步选择产生式来匹配的时候都能够每选必中,则这种方法称为确定的分析方法;否则在选择产生式时面临多种可能,不知道选择哪一个产生式合适,就是不确定的分析方法。

因此自顶向下分析法又可分为确定的方法和非确定的方法两种。非确定的方法即带回溯的分析方法,这种方法实际上是一种穷举的试探方法,因此效率低、代价高,因而极少使用。本节对非确定自顶向下分析方法做简要描述。

例 4.1 文法 G[S]为

S→xAy

A→ab|a

文法 G 分析树如图 4.1 所示。

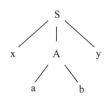

图 4.1 文法 G 分析树

若输入串为 xay，则其分析过程如下：

(1)建立根结点 S；

(2)关于 S 的产生式只有一个，则生成语法树，匹配语法树的第一个终结符 x；

(3)A→ab|a 有两个候选式，选择第一个，并且匹配语法树的第二个叶子结点 a；

(4)输入串 xay 期待匹配 y，而语法树中的 b 与之匹配失败；

(5)撤销匹配 a，注销 A 所生成的子树，回溯；

(6)选择产生式 A→a，重新匹配 a；

(7)匹配输入串的字符 y；而语法树的最后一个叶子结点也是 y，因此语法树和输入串 xay 匹配成功。

这种自顶向下的分析是一个不断试探的过程，即在分析过程中，如果出现多个产生式（即候选式）可供选择，则逐一试探每一候选式进行匹配，每当一次试探失败，就选取下一候选式再进行试探。

试探失败时，必须回溯到这一次试探的初始现场，包括注销已生长的子树及将匹配指针调回到失败前的状态。

另一种方法为确定的分析方法，该方法对文法有一定的限制，但由于实现方法简单、直观，便于手工构造或自动生成语法分析器，因而仍是目前常用的方法之一。确定的自顶向下分析又分为递归下降分析法和 LL（Left-to-right，Left derivation）类分析法，LL（K）中的第一个"L"表示从左向右扫描输入，第二个"L"表示产生最左推导，而"K"表示在每一步中只需向前看 K 个输入符号来决定语法分析动作。本章主要对自顶向下的语法分析进行讨论。

4.2 递归下降分析法

语法分析常用的形式化工具主要包括文法和语法树。正如前面所述，文法是描述语言的语法结构的形式规则。一个文法 G 中的产生式集 P 就对应着语言的语法规则，用语法树就能够判定一个句子或者句型是否是合乎规则的。递归下降分析法的原理是利用函数之间的递归调用来模拟语法树自上而下的构建过程。从根结点出发，自顶向下为输入串中寻找一个最左匹配序列，建立一棵语法树。在不含左递归和每个非终结符的所有候选终结首字符集都两两不相交条件下，就可能构造出一个不带回溯的自顶向下的分析程序，这个分析程序是由一组递归过程(或函数)组成的，每个过程(或函数)对应文法的一个非终结符。

例 4.2　考虑文法 G[S]：

S→pTa

T→db|a

为了判定输入串 W=pdba 是否是文法 G[S]的一个句子，需要使用语法树来构建输入串的生成过程。构建的语法树如图 4.2 所示。一个递归下降语法分析程序由一组过程组成，每个非终结符均对应一个子过程。所以文法 G 中，S 和 T 均对应着一个子过程，每个过程就是一段程序，分析程序为了完成判定输入串 W=pdba 是否是文法 G[S]的一个句子的任务，将从文法的开始符号 S 开始执行，通过程序间的不断调用从而判定输入串是否为文法的一个正确输入。

图 4.2　自顶向下语法分析过程

例 4.3　四则运算的递归下降，文法规则如下。

```
<expr>: : =<expr> + <term>
          |<expr> - <term>
          |<term>

<term>: : =<term> * <factor>
          |<term> / <factor>
          |<factor>

<factor>: : =( <expr> )
              |Num
```

根据上述文法规则，对句子 7*(3+6)进行语法分析。假设词法分析已经正确地识别出单词。那么，递归下降是从起始的非终结符开始(顶)<expr>开始识别。

```
1.<expr>=><term>
2.       =><term>*<factor>
3.        =><factor>* <factor>
4.          =>Num(7)*<factor>
5.                    =>Num(7)*(<expr>)
6.                        =>Num(7)*(<expr>+<term>)
7.                       =>Num(7)*(<term>+<term>)
8.                        =>Num(7)*(<factor>+<term>)
9.                        =>Num(7)*(Num(3)+<term>)
10.                             =>Num(7)*(Num(3)+<factor>)
11.                                 =>Num(7)*(Num(3)+Num(6))
```

可以看到，整个解析的过程是在不断对非终结符进行替换(向下)，直到遇见了终结符(底)。可以从解析的过程中看出，一些非终结符如<expr>被递归地使用了。

4.3 LL(1)预测分析法

与递归下降分析法不同，LL(K)分析法是自顶向下语法分析另一个重要分析方法。如前所述，第一个"L"是从左至右进行分析，第二个"L"表示最左推导原则，"K"是每次只向前查看 K 个终结符来确定后续动作。LL(K)分析法解决的是形如 A→α|β 的产生式，到底该使用α还是β来进行替换的问题。LL(1)是 LL(K)类最基本的方法，它表示从左至右对输入串进行扫描，采用最左推导原则，向前查看一个字符即可确定到底使用α还是β进行替换。

学习 LL(1)预测分析法之前需要首先学习两个函数：FIRST(α)和 FOLLOW(A)，其中 α 表示字符串，A 表示非终结符。

定义 4.1 设 G=(V_T, V_N, S, P)是上下文无关文法，则 FIRST(α)={a|α $\overset{*}{\Rightarrow}$ aβ, a∈V_T, α, β∈V*}，若 α $\overset{*}{\Rightarrow}$ ε，则规定 ε∈FIRST(α)。对于形如 A→α|β的产生式，α $\not\Rightarrow$ ε，β $\not\Rightarrow$ ε，则当 FIRST(α)∩FIRST(β) ≠ ∅时，对 A 的替换可唯一确定用α还是用β。

根据定义 4.1 可知，FIRST 函数的输入是一个字符串α，输出是由α能够推出的任何句型的首个终结符组成的集合，因此 FIRST 函数的返回结果又被称为 FIRST 集。如果字符串α经过多步推导出空串，则ε应属于 FIRST 集。

例 4.4 若文法 G[S]为

S→AB	S→bC
A→ε	A→b
B→ε	B→aD
C→AD	C→b
D→aS	D→c

求各非终结符的 FIRST 集。

解：FIRST(S)=FIRST(AB)∪FIRST(bC)　　　(∵S→AB，S→bC)

　　　　　　=FIRST(A)∪FIRST(B)∪{b}　　　(∵A⇒ε)

　　　　　　={b，a}∪{b}

　　　　　　={b，a}

FIRST(A)=FIRST(b)={b}　　　(∵A→b)

FIRST(B)=FIRST(aD)={a}　　　(∵B→aD)

FIRST(C)=FIRST(AD)∪FIRST(b)　　　(∵C→AD，C→b)

　　　　　=FIRST(A)∪FIRST(D)∪{b}　　　(∵A⇒ε)

　　　　　={b，a，c}∪{b}

　　　　　={b，a，c}

FIRST(D)=FIRST(aS)∪FIRST(c)　　　(∵D→aS，D→c)

　　　　　={a}∪{c}={a，c}

最终求得：

FIRST(S)={b，a}

FIRST(A)={b}

FIRST(B)={a}

FIRST(C)={b，a，c}

FIRST(D)={a，c}

定义 4.2　设 $G=(V_T，V_N，S，P)$ 是上下文无关文法，则 $FOLLOW(A)=\{a|S\overset{*}{\Rightarrow}\mu A\beta \wedge a\in FIRST(\beta)\}$，其中 $A\in V_N$，S 是开始符号，$\mu\in V_T*$，$\beta\in V+$。若 $S\overset{*}{\Rightarrow}\mu A\beta$，且 $\beta\overset{*}{\Rightarrow}\varepsilon$，则 $\#\in FOLLOW(A)$，#为输入串的左右界符。

根据定义 4.2 可知，FOLLOW 函数的输入是一个非终结符 A，而输出是紧跟在非终结符 A 后的终结符的集合，因此输出集又被称为 FOLLOW 集。事实上，FOLLOW 集的结果根据β的值分为了两种情况：①β∈V+，也就是β是 V 的正闭包中的一个元素，故β本身不能为ε，此时 $FOLLOW(A)=\{a|S\overset{*}{\Rightarrow}\mu A\beta \wedge a\in FIRST(\beta)\}$；②$\beta\overset{*}{\Rightarrow}\varepsilon$，也就是β若为ε或者能够推出为ε时，$\#\in FOLLOW(A)$。

另外，需要注意的是与 FIRST 集不同，FOLLOW 集的求法一定是从开始符号 S 进行计算求得的。

例 4.5　请求定义 4.1 文法 G 中各非终结符的 FOLLOW 集。

解：FOLLOW(S)={＃}∪FOLLOW(D)　　　(∵S 是文法的开始符号，D→aS)

　　　　　　　={＃}∪FOLLOW(S)

　　　　　　　={＃}

FOLLOW(A)=FIRST(B)∪FIRST(D)∪FOLLOW(S)　　　(∵S→AB，且 B ε，C→AD)

　　　　　={a，c，＃}

FOLLOW(B)=FOLLOW(S)　　　(∵S→AB)

FOLLOW(C)=FOLLOW(S)　　　(∵S→bC)

FOLLOW(D)=FOLLOW(B)∪FOLLOW(C)　　　(∵B→aD，C→AD)

　　　　　　　　=FOLLOW(S)

　　　　　　　　={#}

所以最终求得

FOLLOW(S)={#}

FOLLOW(A)={a，c，#}

FOLLOW(B)={#}

FOLLOW(C)={#}

FOLLOW(D)={#}

通过定义 4.1 或定义 4.2 可知，对于形如 A→α|β 的产生式，设 $\alpha \overset{*}{\Rightarrow} \varepsilon$，$\beta \overset{*}{\Rightarrow} \varepsilon$，则当 ①FIRST(α)∩FOLLOW(A)=∅ 与②FIRST(α)∩FIRST(β)=∅ 同时成立时，对 A 的替换可唯一确定用 α 还是用 β。合并①②条件表示为

$$(FOLLOW(A)∪FIRST(β))∩FIRST(α)=∅$$

综合以上情况定义选择集合 SELECT 如下。

定义 4.3　给定上下文无关文法的产生式 A→α，其中 A∈V_N，α∈V*，若 $\alpha \overset{*}{\nRightarrow} \varepsilon$，则 SELECT(A→α)=FIRST(α)；如果 $\alpha \overset{*}{\Rightarrow} \varepsilon$，则 SELECT(A→α)={FIRST(α)\{ε}∪FOLLOW(A)}。

根据定义 4.3 可知，SELECT 集的输入是一个产生式，输出根据 α 经过任意步是否能够推出空串分为了两种情况，若不能够推出空串，则 SELECT 集的输出即为 α 的 FIRST 集；否则，也就是能够推出空串时，SELECT 集的输出为 FIRST 集除去空串，再并上非终结符 A 的 FOLLOW 集。

例 4.6　请求定义 4.1 文法 G 中各非终结符的 SELECT 集。

解：

SELECT(S→AB)={b，a，#}

SELECT(S→bC)={b}

SELECT(A→ε)={a，c，#}

SELECT(A→b)={b}

SELECT(B→ε)={#}

SELECT(B→aD)={a}

SELECT(C→AD)={a，b，c}

SELECT(C→b)={b}

SELECT(D→aS)={a}

SELECT(D→c)={c}

根据上述三个定义，能够给出判定一个上下文无关文法为 LL(1)文法的充要条件。

定义 4.4　一个上下文无关文法是 LL(1)文法的充分必要条件是，对每个非终结符 A 的两个不同产生式：A→α 和 A→β，满足 SELECT(A→α)∩SELECT(A→β)=∅，其中 α、 β不能同时经过任意步推出 ε。

例 4.7　设文法 G[S] 为

S→aAS

S→b

A→bA

A→ε

请证明该文法不是 LL(1) 文法。

证明：

∵SELECT(A→bA)={b}

且 SELECT(A→ε)={ε}\{ε}∪FOLLOW(A)=FIRST(S)={a，b}

　　　则 SELECT(A→bA)∩SELECT(A→ε)={b}≠∅。

∴此文法不是 LL(1) 文法。

4.4　非 LL(1) 文法到 LL(1) 文法的等价变换

本节主要讨论含有直接或间接左递归，或含有左公共因子两种非 LL(1) 文法变换为等价的 LL(1) 形式的问题。

4.4.1　提取左公共因子

左公共因子是指文法中含有形如：A→αβ|αγ的产生式，其中α为αβ和αγ的左公共因子，α、β以及γ均为符号串。显然具有左公共因子产生式的文法不是 LL(1) 文法。针对具有左公共因子产生式的文法，能够采用提取左公共因子的方法进行等价变换，转化为等价的 LL(1) 形式。

具有左公共因子的两个符号串，能够进行等价变换为：A→α(β|γ)，其中"("、")"为元符号。为了能够使变换后的产生式更加清晰，可进一步引进新非终结符 A′，去掉"("、")"使产生式变换为

A→α A′

A′→β|γ

更一般地，针对 n 个具有左公共因子的产生式，形如：

A→αβ₁|αβ₂|⋯|αβ_n

提取左公共因子后变为

A→α(β₁|β₂|⋯|β_n)

再引进非终结符 A′，最终可以写成：

A→α A′

A′→β₁|β₂|⋯|β_n

需要注意的是，若在β_i、β_j、β_k⋯(其中 1≤i，j，k≤n)中仍含有左公共因子，这时可

再次提取，这样反复进行提取直到引进新非终结符的有关产生式再无左公共因子。

例 4.8　已知文法 G：

S→aSb

S→aS

S→ε

请提取文法 G 的左公共因子。

解：

提取 G 的左公共因子后，结果为 G′：

S→aS S′|ε

S′→b|ε

特殊地，若文法中含隐式左公共因子，可先转换为显式左公共因子，再提取左公共因子。

例 4.9　已知文法 G：

A→ad

A→Bc

B→aA

B→bB

请提取文法 G 的左公共因子。

解：

提取 G 的左公共因子后，结果为 G′：

A→a A′|bBc

A′→d|Ac

B→aA

B→bB

4.4.2　消除左递归

左递归是另一类能够将非 LL(1) 文法等价变换为 LL(1) 文法的问题。首先来看左递归的定义。

定义 4.5　左递归根据直接和间接能够定义为如下两种形式：

(1) 直接左递归：文法中含有 A→Aα 形式的产生式；

(2) 间接左递归：文法中同时含有 A→Bβ，B→Aα 形式的产生式。

确定的自上而下分析要求文法不含左递归，这是因为：①文法含左递归不便于使推导按从左往右的顺序匹配，甚至使分析发生死循环；②含左递归的文法不是 LL(1) 文法。针对上述问题，能够通过例 4.10 与例 4.11 来说明此问题。

例 4.10　已知文法 G：

A→Ab

A→d

　　容易得到该文法能够产生的语言 L={dbn|n≥0}。若输入串为 dbbbbb#，显然为语言 L 的一个句子。但若采用自顶向下分析时发现，由于每次分析均是自左向右的扫描输入串，而第一个输入符号为 d，显然要用第二个产生式 A→d 进行推导，一旦使用产生式 A→d 进行推导，推导就无法继续前进了。更严重的是，若不采用产生式 A→d 进行推导，而采用 A→Ab 进行推导时，就又会出现图 4.3 的情况，无法确定何时用产生式 A→d 进行替换结束。

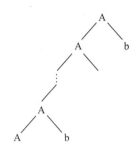

图 4.3　包含直接左递归例 4.10 语法树图示

例 4.11　已知文法 G：

(1) A→aB

(2) A→Bb

(3) B→Ac

(4) B→d

　　针对输入串 adbcbcbc#，当分析过程到 A⇒aB⇒aAc⇒aBbc 时，B 如果使用产生式 B→d 进行替换，则分析过程语法树如图 4.4(a) 所示，该情况下分析终止，无法产生输入串 adbcbcbc#。若采用产生式 B→Ac 进行替换，则会产生图 4.4(b) 所示语法树。此时再向下替换，已经无法确定具体要使用哪个产生式进行替换，因此无法使用确定的自顶向下的分析方法了。

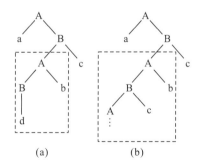

图 4.4　包含间接左递归例 4.11 语法树图示

　　综合上述例子，无论包含直接左递归还是间接左递归的文法均不是 LL(1) 文法，因此无法使用确定的自顶向下的分析法。但是针对包含左递归的文法，能够使用以下方法进行等价变换，变换为 LL(1) 文法。

4.4.3 消除文法左递归的方法

根据上面所述，左递归需要进行等价变换，因此可以考虑针对直接左递归和间接左递归分别进行消除。

1. 消除直接左递归

一般情况下，直接左递归的形式为

$$A \rightarrow A\alpha_1|A\alpha_2|\cdots|A\alpha_m|\beta_1|\beta_2|\cdots|\beta_n$$

消除左递归后改写为

$$A \rightarrow \beta_1 A'|\beta_2 A'|\cdots|\beta_n A'$$
$$A' \rightarrow \alpha_1 A'|\alpha_2 A'|\cdots|\alpha_m A'|\varepsilon$$

例 4.12 文法 G：

E→E+T|T
T→T*F|F
F→(E)|id
请消除文法中的左递归。

解：该文法中产生式 E→E+T 以及 T→T*F 中的左递归均为直接左递归，根据消除直接左递归方法，有

E→TE′
E′→+TE′|ε
T→FT′
T′→*FT′|ε
F→(E)|id

2. 消除间接左递归

间接左递归的消除，首先需要通过将产生式中的非终结符进行替换，将间接左递归变为直接左递归，然后再消除直接左递归。要求文法不存在 A 经过一次或多次能推导出 A 和不存在 ε 产生式(形如 A→ε)。

(1)以某种顺序排列非终结符 A1，A2，…，An；
(2)for i=1 to n do
　{for j=1 to i-l do
　{用产生式 Ai→a1b|a2b|⋯|akb 代替每个形如 Ai→Ajb 的产生式,其中,Aj→a1|a2|⋯|ak 是所有的当前 Aj 产生式；}
　消除关于 Ai 产生式中的直接左递归性}
　}
(3)化简由步骤(2)所得到的文法。

例 4.13 有文法 S→Qc|c，Q→Rb|b，R→Sa|a，消除文法的左递归。

以非终结符号排序为 R，Q，S

把 R 的产生式代入 Q 中，有

Q→(Sa|a) b|b

Q→Sa b|ab|b

把 Q 的产生式代入 S 中，有

S→(Sa b|ab|b) c|c

S→Sa bc|abc|bc|c

消除直接左递归得到结果：

S→abc S′|bc S′|c S′

S′→abc S′|ε

Q→Sa b|ab|b

R→Sa|a

Q 和 R 的产生式是多余的删除，得到最终结果：

S→abc S′|bc S′|c S′

S′→abc S′|ε

3. 消除文法中一切左递归的算法

例 4.14 以文法 G[A]为例消除左递归：

(1) A→aB

(2) A→Bb

(3) B→Ac

(4) B→d

解：用产生式(1)、(2)的右部代替产生式(3)中的非终结 A 得到左部为 B 的产生式：

(1) B→aBc

(2) B→Bbc

(3) B→d

消除左递归后得到：

B→aBc B′|d B′

B′→bc B′|ε

再把原来其余的产生式 A→aB，A→Bb 加入，最终得到等价文法为

(1) A→aB

(2) A→Bb

(3) B→(aBc|d) B′

(4) B′→bc B′|ε

消除文法中一切左递归的算法为

设非终结符按某种规则排序为 A1，A2，…，An。

```
For i：=1 to n do
    begin
        For j：=1 to i-1 do
            begin
                若 Aj 的所有产生式为
                Aj→δ1|δ2|…|δn
                替换形如 Ai→Aj γ 的产生式为
                Ai→δ1γ|δ2γ|…|δnγ
            End
        消除 Ai 中的一切直接左递归
end
```

4.5 LL 的自动生成工具

LL 类文法的自动生成工具主要分为递归子程序法和预测分析方法。

4.5.1 递归子程序法

递归子程序法的基本思想为对每一非终结符构造一个过程,每个过程的功能是识别由该非终结符推出的串。

首先,对编写程序中的基本符号进行定义。

(1) IP:输入串指示器。开始工作前 IP 指向串的第一个符号,每个程序工作完后,IP 指向下一个未处理符号。

(2) sym:IP 所指符号。

(3) ADVANCE:让 IP 指向下一个符号的过程。

(4) ERROR:出错处理子程序。

以例 4.15 为例,对递归子程序法进行说明。

例 4.15 文法 G 为

S→xAy

A→A*|*

请将其改写为 LL(1)文法,然后构造相应的递归子程序。

由于例 4.15 中文法 G 包含左递归,因此首先需要提取左公共因子,得文法 G′ 为

S→xAy

A→* A′

A′→* A′|ε

因为 Select(A′→* A′)∩Select(A′→ε)={*}∩{y}=∅,所以文法 G′ 是 LL(1)文法。

递归子程序法,需要对每个非终结符构造一个过程。

根据 S→xAy 能够构造非终结符 S 的过程如下：

```
PROCEDURE  S
  BEGIN
    IF SYM='x' THEN
      BEGIN
        ADVANCE；
          A；
        IF SYM='y' THEN  ADVANCE
      ELSE  ERROR
      END
    ELSE  ERROR
  END
```

根据 A→*A′能够构造非终结符 A 的过程如下：

```
  PROCEDURE  A
    BEGIN
      IF SYM='*'  THEN
        BEGIN  ADVANCE；
            A′
        END
        ELSE  ERROR
    END
```

对于 A′→ε，简单处理为对 A′不作任何推导，即结束 A′过程。意味着匹配 ε。

```
PROCEDURE  A′
    BEGIN
      IF SYM='*'  THEN  ADVANCE
    END
```

最后考虑产生式　A→B|D，能够构造非终结符 A 的过程如下：

```
  PROCEDURE  A
    BEGIN
      IF SYM∈SELECT(A→B)
      THEN  B
        ELSE IF SYM∈SELECT(A→D)
      THEN D
        ELSE  ERROR
    END
```

至此，递归子程序法构造完毕。

4.5.2　预测分析方法

预测分析方法是另一类 LL 类自动生成工具。其中，一个预测分析器包含三部分：一张预测分析表 M、一个符号栈 S 以及一个预测分析总控程序，结构如图 4.5 所示。

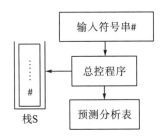

图 4.5　预测分析器结构

(1) 预测分析表 M。

一个预测分析表为一个矩阵 M，其中：

①行标题用文法的非终结符表示；

②列标题用文法的终结符和#表示；

③矩阵元素 M[A，a] 的内容是产生式 A→α（或→α）表明当对 A 进行推导，面临输入符号 a 时，应采用候选 α 进行推导；

④出错处理标志(即表中空白项)表明 A 不该面临输入符号 a。

例 4.15 的预测分析表所表 4.1 所示。

表 4.1　例 4.15 的预测分析表

	x	y	*	#
S	S→xAy			
A		A′→ε	A→*A′	
A′			A′→*	

(2) 符号栈。

符号栈用于存放文法符号，栈顶为推导过程中句型尚未匹配部分的开头符号。分析开始时，栈底先放一个#，然后放进文法开始符号。

(3) 预测分析总控程序。

总是按栈顶符号 x 和当前输入符号行事。

对于任何(x，a)，总控程序每次都执行下述三种可能动作之一：

①若 x=a='#'，则宣布分析成功；

②若 x=a≠'#'，则把 x 从栈顶逐出，指针指向下一输入符号；

③若 x 是一个非终结符，则查看分析表 M。

如果 M[A，a]中存放关于 X 的一个产生式，那么，首先把 X 顶出栈，然后把产生式右部符号串按反序一一推进栈。如果 M[A，a]中存放"出错标志"，则调用出错处理程序 ERROR。

案 例 分 析

已知文法 G 为

S→SbB|aB

B→Ab|e

A→a|ε

要求：

(1)求消去左递归后的文法 G′。

(2)求 G′ 的所有非终结符的 FIRST、FOLLOW 和产生式的 SELECT。

(3)构造 G′ 的预测分析表。

(4)根据 G′ 的预测分析表分析输入串 aab，写出分析步骤。

案例详解：

(1)求消去左递归后的文法 G′。

G′ 为

S→aB S′

S′→bB S′|ε

B→Ab|e

A→a|ε

(2)求 G′ 的所有非终结符的 FIRST 集、FOLLOW 集和产生式的 SELECT 集。

①计算 G′ 的 FIRST 集。

$FIRST(\alpha)=\{a|\alpha\Rightarrow a\beta，a\in V_T，\alpha，\beta\in V^*\}$

若$\alpha\Rightarrow\varepsilon$，则规定$\varepsilon\in FIRST(\alpha)$。

$FIRST(S)=\{a\}$

$FIRST(S′)=\{b，\varepsilon\}$

$FIRST(B)=FIRST(Ab)\cup\{e\}$

$=(FIRST(A)-\varepsilon)\cup\{b\}\cup\{e\}$

$=\{a，b，e\}$

$FIRST(A)=\{a，\varepsilon\}$

②计算 G′ 的所有非终结符的 FOLLOW 集。

$FOLLOW(A)=\{a|S^*\Rightarrow\cdots Aa\cdots，a\in V_T\}$

　　若有 $S\Rightarrow\cdots A$，则规定#$\in FOLLOW(A)$。

设 S 为文法的开始符号，则#$\in FOLLOW(S)$。

若有 $A\rightarrow\alpha B\beta$，则将 $FIRST(\beta)-\{\varepsilon\}$加入到 $FOLLOW(B)$中，如果其中$\beta\Rightarrow\varepsilon$，则将

FOLLOW(A)加入到 FOLLOW(B)中。

    FOLLOW (S)={#}

        FOLLOW (S′)=FOLLOW (S)={#}

        FOLLOW (B)=(FIRST(S′)−ε)∪ FOLLOW (S) ∪ FOLLOW (S′)={b, #}

        FOLLOW (A)={b}

③计算产生式的 SELECT 集。

SELECT(S→aB S′)={a}

SELECT(S′→bBS S′)={b}

SELECT(S′→ε)=(FIRST(ε)−ε)∪FOLLOW(S′)={#}

SELECT(B→Ab)={a, b}

SELECT(B→e)={e}

SELECT(A→a)={a}

SELECT(A→ε)=(FIRST(ε)−ε)∪FOLLOW(A)={b}

(3)构造 G′ 的预测分析表，结果见表 4.2。

表 4.2　不同输入符状态下 G′ 的预测分析表

状态	a	b	e	#
S	S→aBS			
S′		S′→bB S′		S′→ε
B	B→Ab	B→Ab	B→e	
A	A→a	A→ε		

(4)根据 G′ 的预测分析表分析输入串 aab，写出分析步骤，结果见表 4.3。

表 4.3　输入串 aab 分析步骤

分析栈	输入串	所用产生式
#S	aab#	S→aB S′
# S′ Ba	aab#	a 匹配
# S′ B	ab#	B→Ab
# S′ bA	ab#	A→a
# S′ ba	ab#	a 匹配
# S′ b	b#	b 匹配
# S′	#	S′→ε
#	#	接受

习　　题

4.1　已知文法 G：

　　Z→Az|b

　　A→Za|a

　　(1) 删除左递归。

　　(2) 给出递归下降分析程序。

4.2　给定文法 G(S)：

　　S→AaS|BbS|d

　　A→a

　　B→ε|c

　　构造 LL(1) 分析表，并证明 G(S) 是 LL(1) 文法。给出递归下降分析程序。

4.3　对下面的文法 G[S]：

　　S→TS′

　　S′→+S|ε

　　T→FT′

　　T′→T|ε

　　F→PF′

　　F′→*F′|ε

　　P→(E)|a|b|∧

　　(1) 计算这个文法的每个非终结符的 FIRST 集和 FOLLOW 集。

　　(2) 证明这个文法是 LL(1) 的。

　　(3) 构造它的预测分析表。

　　(4) 构造它的递归下降分析程序。

4.4　设有文法 G[S]：

　　S→A

　　A→B|AiB

　　B→C|B+C

　　C→)A*|(

　　(1) 将文法 G[S] 改写为 LL(1) 文法。

　　(2) 构造改写后的文法的递归子程序 (给出流程图即可)。

　　(3) 求经改写后的文法的每个非终结符的 FIRST 集和 FOLLOW 集。

　　(4) 构造相应的 LL(1) 分析表，并给出输入串 (+)(*# 的分析过程。

4.5　已知文法 G[A]：

　　A→aAB1|a

　　B→Bb|d

　　(1) 给出与 G[A] 等价的 LL(1) 文法 G′[A]。

(2)构造 G′〔A〕的预测分析表。

(3)给出输入串 aad1#的分析过程。

4.6 设有文法 G〔S〕：

S→aBc|bAB

A→aAb|b

B→b|ε

(1)求各产生式的 FIRST 集，FOLLOW(A)和 FOLLOW(B)，以及各产生式的
　　SELECT 集。

(2)构造 LL(1)分析表，并分析符号串 baabbb 是否是该文法的句子。

4.7 设有文法 G〔S〕：

S→MH|a

H→LSo|ε

K→dML|ε

L→eHf

M→K|bLM

判断 G 是否为 LL(1)文法，如果是，构造 LL(1)分析表。

4.8 对下面的文法 G：

E→TE′

E′→+E|ε

T→FT′

T′→T|ε

F→PF′

F′→*F′|ε

P→(E)|a|b|^

(1)计算这个文法的每个非终结符的 FIRST 集和 FOLLOW 集。

(2)证明这个方法是 LL(1)的。

(3)构造它的预测分析表。

4.9 设将文法 G 改写成等价的 LL(1)文法，并构造预测分析表。

　　G：S→S*aT|aT|*aT；T→+aT|+a

4.10 对下面的文法 G：

S→a|b|(T)

T→T,S|S

(1)消去文法的左递归，得到等价的文法 G2。

(2)判断文法 G2 是否 LL(1)文法，如果是，给出其预测分析表。

实践项目二

项目名称：判定 LL(1) 文法

项目要求：按照 CDIO 规范，编写一个程序，用于判定给定的文法是否为 LL(1) 文法。

注意： (1) 文法的机内表示；

(2) FIRST 集和 FOLLOW 集的计算；

(3) LL(1) 预测分析表的构造。

所提交实践报告应包括：

(1) 实验目标。

(2) 实现方案。

(3) 实现步骤。

(4) 结构算法。

(5) 测试用例。

(6) 运行结果。

(7) 实践体会。

第5章 自底向上语法分析

5.1 自底向上语法分析概述

判定一个符号串是否为一个文法的句子的方法除了第 4 章的自顶向下分析法,还可以使用自底向上分析方法,也称为移进-归约分析法,粗略地说它的实现思想是对输入符号串自左向右进行扫描,并将输入符逐个移入一个后进先出栈中,边移入边分析,一旦栈顶符号串形成某个句型的句柄时(该句柄对应某产生式的右部),就用该产生式的左部非终结符代替相应右部的文法符号串,这称为一步归约。归约也就是"归纳约减"之意。重复这一过程直到归约到栈中只剩文法的开始符号时则为分析成功,也就确认输入串是文法的句子。

例 5.1 文法 G[S]为

S→aAcBe

A→b

A→Ab

B→d

对输入串 abbcde 进行分析。首先检查该符号串是否属于 G[S]的句子,对输入串进行最右推导,可以得到 S ⇒ aAcBe ⇒ aAcde ⇒ aAbcde ⇒ abbcde。确定输入串 abbcde 是属于 G[S]的句子,现在用自底向上分析方法对输入串进行分析,分析过程如表 5.1 所示。

表 5.1 用移进-归约对输入串 abbcde#的分析过程

步骤	符号栈	输入	动作
(1)	#	abbcde#	移进
(2)	#a	bbcde#	移进
(3)	#ab	bcde#	归约(A→b)
(4)	#aA	bcde#	移进
(5)	#aAb	cde#	归约(A→Ab)
(6)	#aA	cde#	移进
(7)	#aAc	de#	移进
(8)	#aAcd	e#	归约(B→d)
(9)	# aAcB	e#	移进
(10)	# aAcBe	#	归约(S→aAcBe)
(11)	#S	#	接受

从上述分析过程中可以看出,自底向上的分析程序有两种可能的动作(除"接受"之外)。

(1)移进:将终结符从输入的开头移进到栈的顶部。

(2)归约:假设有 BNF 选择 A→a,将栈顶部的串 a 归约为非终结符 A。

因此自底向上的分析程序有时称作移进-归约分析程序。其中,如何知道何时在栈顶符号串中已形成某句型的句柄是自底向上分析的关键。

第 4 章介绍了递归下降和预测分析的自顶向下分析法。本章将描述自底向上的语法分析技术。在自底向上分析方法中,主要介绍常用的算符优先分析法和 LR(left-to-right, rightmost derivation in reverse)类分析法,LR(k)中"L"表示对输入进行从左到右的扫描, "R"表示反向构造出一个最右推导序列,k 表示在做出分析决定时向前看 k 个输入符号。

5.2　算符优先分析

算符优先分析法是一种最易于实现的移动归约分析方法,而更一般的移动归约分析方法称为 LR 分析法,LR 分析法可以用作许多自动的语法分析器的生成器,下面首先介绍算符优先分析法。

算符优先分析法只考虑算符(广义为终结符)之间优先关系,根据算符之间优先关系确定何时移进,何时归约。确定算符之间优先关系的方法如下:

(1)对一个给定的文法,人为地规定其算符的优先顺序,称为直观算符优先分析法;

(2)根据文法确定算符之间的优先关系。

使用算符优先语法分析器,就可以忽略原来的文法,栈中的非终结符仅仅作为与这些非终结符相关的属性的占位符,可以方便地处理如加减乘除这样有不同优先级的符号。但是由于分析的语言的文法和算符优先语法分析器本身的关系不是很紧密,所以不能肯定语法分析器接受的就是所期望的语言。

5.2.1　算符优先文法的定义

下面首先给出算符文法的定义。

定义 5.1　设有一文法 G,如果 G 中没有形如 A→⋯BC⋯的产生式,其中 B 和 C 为非终结符,则称 G 为算符文法(operater grammar),即 OG 文法。

例如,有表达式文法

$$E→E+E|E*E|(E)|i$$

其中任何一个产生式中都不包含两个非终结符相邻的情况,因此该文法是算符文法。算符文法有如下两个性质。

性质 1: 在算符文法中任何句型都不包含两个相邻的非终结符。

证明思路:归纳法

$$S ⇒ W_1 ⇒ ⋯ ⇒ W_{n-1} ⇒ W_n$$

S ⇒ W₁，由算符文法的定义，文法的产生式中无相邻的非终结符，W₁ 中不含相继非终结符，显然满足性质 1。

归纳假设 W_{n-1} 中不含相继非终结符，设 W_{n-1}=αAδ，A 为非终结符。由假设 α 的尾符号和 δ 的首符号都不可能是非终结符，否则与假设矛盾。

由 A→β 得 W_{n-1} ⇒ W_n=αβδ，而 A→β 是文法的原产生式，不含两个相邻的非终结符，所以 Wn=αβδ 中也一定不含相继非结符。满足性质 1。

性质 2： 如果 Ab 或 bA 出现在算符文法的句型 γ 中；其中 A∈V_N，b∈V_T，则 γ 中任何含 b 的短语必含有 A。

证明思路：反证法。

若有句型…Ab…，以及短语 B→b，将句型归约到 B，则出现句型…AB…，与性质 1 矛盾。

现在引入优先关系符号=·，<· ，·> （以后分别以 =，<，>代替），若句型形如：…ab… 或…aAb…，则

a=b　表示 a 与 b 的优先关系相等；

a<b　表示 a 的优先性比 b 的优先性小；

a>b　表示 a 的优先性比 b 的优先性大。

下面给出算符优先关系=、<、>的具体定义。

定义 5.2 设 G 是一个算符文法，a 和 b 是任意两个终结符，A、B、C 是非终结符，算符优先关系=、<、>定义如下：

(1)a=b　当且仅当 G 中含有形如 A→…ab…或 A→aBb…的产生式；

(2)a<b　当且仅当 G 中含有形如 A→…aB…的产生式且 B ⇒⁺ b…或 B ⇒⁺ Cb…；

(3)a>b　当且仅当 G 中含有形如 A→Bb…的产生式，且 B ⇒⁺ …a 或 B ⇒⁺ …aC。

上述关系用图来说明更直观，如图 5.1 和图 5.2 所示。

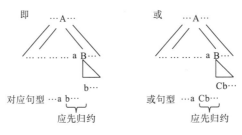

图 5.1　a<b 时关系图

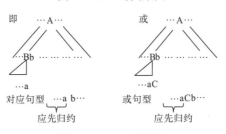

图 5.2　a>b 时关系图

定义 5.3 设有一不含 ε 产生式的算符文法 G，如果对任意两个终结符对 a，b 之间至多只有<、>和=三种关系的一种成立，则称 G 是一个算符优先文法(operator precedence grammar)，即 OPG 文法。

例如，有表达式文法：

$$E \rightarrow E+E|E*E|(E)|i$$

是算符文法但不是算符优先文法。

因为这样+、*的优先关系不唯一，具体如图 5.3 所示。所以该文法存在二义性，并不是算符优先文法。

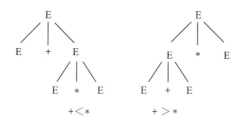

图 5.3 二义性文法的语法树

注意：两个终结符之间的优先关系与数学中的不同，它是有序的。例如，如果 a>b，不能推出 b<a；如果 a>b，有可能 b>a；如果 a>b，b>c，不一定 a>c。因此优先关系不具有传递性。

5.2.2 算符优先关系表的构造

根据前面对优先关系的定义可知，为了确定两个终止符的优先关系，需要知道它的在所有的产生式中和前后非终止符的关系，那么可以做一个预处理，即定义并构造 FIRSTVT 和 LASTVT 两个集合，并计算具体优先关系，来构造算符优先关系表。具体步骤如下。

(1)对文法 G 的每个非终结符 B 构造两个集合。

$FIRSTVT(B) = \{b | B \overset{+}{\Rightarrow} b\cdots 或 B \overset{+}{\Rightarrow} Cb\cdots\}$

构造规则：

①若 B→b⋯或 B→Qb⋯，则 b∈FIRSTVT(B)；

②若 B→Q⋯，则 FIRSTVT(Q)⊆FIRSTVT(B)。

$LASTVT(B) = \{a | B \overset{+}{\Rightarrow} \cdots a 或 B \overset{+}{\Rightarrow} \cdots aC\}$

构造规则：

①若 B→⋯a 或 B→⋯aQ，则 a∈LASTVT(B)；

②若 B→⋯Q，则 LASTVT(Q)⊆LASTVT(B)。

(2)三种优先关系的计算。

①=关系：对形如产生式 A→⋯ab⋯，A→⋯aBb⋯，则有 a=b 成立。

②<关系：对形如产生式 A→⋯aB⋯中对每一 b∈FIRSTVT(B)有 a<b 成立。

③>关系：对形如产生式 A→···Bb···中对每一 a∈LASTVT(B)有 a>b 成立。

(3)将文法中终结符之间的优先关系用表格形式列出来，则得文法的优先关系表。

例 5.2　若表达式文法为

(0) E′→#E#

(1)E→E+T

(2)E→T

(3)T→T*F

(4)T→F

(5)F→(E)

(6)F→i

计算优先关系，如表 5.2 所示。

表 5.2　产生式及优先关系

产生式	优先关系
(0) E′→#E# FIRSTVT(E)={+, *, (, i} LASTVT(E)={+, *, i,)}	#=# #<+, #<*, #<(, #<i +>#, *>#, i>#,)>#
(1)E→E+T LASTVT(E)={+, *, i,)} FIRSTVT(T)={*, (, i}	+>+, *>+, i>+,)>+ +<*, +<(, +<i
(3)T→T*F LASTVT(T)={*,), i} FIRSTVT(F)={(, i}	*>*,)>*, i>* *<(, *<i
(5)F→(E) FIRSTVT(E)={+, *, (, i} LASTVT(E)={+, *, i,)}	(=) (<+, (<*, (<(, (<i +>), *>), i>),)>)

列出优先关系，具体如表 5.3 所示。

表 5.3　表达式文法算符优先关系表

	+	*	(	)	i	#
+	>	<	<	>	<	>
*	>	>	<	>	<	>
(	<	<	<	=	<	
)	>	>		>		>
i	>	>		>		>
#	<	<	<		<	=

5.2.3　最左素短语

因为算符优先关系仅被定义在终结符号之间，对于某句型的句柄是单个非终结符时（即文法含有规则右部为单个非终结符），则不能用优先关系找句柄。

例如，图 5.4 中的语法树，用算符优先关系无法找到句柄 T。

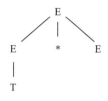

图 5.4　句型 T*E

为此，引进最左素短语概念，下面给出最左素短语的定义。

定义 5.4　设有文法 G[E]，其句型的素短语是一个短语，它至少包含一个终结符，并且除自身外不包含其他素短语，最左边的素短语称为最左素短语。

例如，若表达式文法 G[E] 为

E→E+T|T

T→T*F|F

F→P↑F|P

P→(E)|i

有句型#T+T*F+i#，它的语法树如图 5.5 所示。

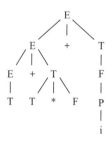

图 5.5　句型 T+T*F+i

由此语法树可发现此句型有如下短语：

T+T*F+i

T+T*F

T

T*F

i

其中素短语有：i，T*F；最左素短语为T*F。

除了根据语法树来判断最左素短语外，还可以根据算符优先关系判断最左素短语。之所以能根据算符优先关系判断最左素短语，下面进行说明。

根据算符文法的性质 1，算符文法的句型应形式为#$N_1a_1N_2a_2\cdots N_na_nN_{n+1}$#其中 N_i 为非终结符或空，a_i 为终结符。

根据算符文法的性质 2，句型中的短语形式为 $N_ka_k\cdots N_ma_mN_{m+1}$(若有 $a_k\cdots N_ma_m$ 属于句柄，则 N_k，N_{m+1} 必在此句柄中)。

根据算符优先关系的定义(定义 5.3)，句型的最左素短语是满足条件 $a_{i-1}<a_i=a_{i+1}=\cdots=a_{j-1}=a_j>a_{j+1}$ 的最左子串 $N_ia_i\cdots N_ja_jN_{j+1}$，其中 N_i，N_{j+1} 为非终结符或空。

例如，上面文法 G[E]的句型#T+T*F+i#中终结符之间的优先关系是#<+<*>+<i>#，则最左素短语就是 T*F。

根据算符优先关系判断最左素短语，可以在规范归约的过程中进行。初始时栈底存#，输入指针指向输入串的首字符。控制程序根据栈顶终结符 a(若栈顶是非终结符，则次栈顶的终结符称为栈顶终结符)和输入指针所指的输入符 b，查优先关系表 M，可能有 4 种情况：

(1)M[a，b]为<或=时移进 b，即将 b 进栈，输入指针指向下一输入符；

(2)M[a，b]为>时，则将栈顶含 a 的素短语按对应的产生式归约，素短语需与产生式右部终结符对应相同，非终结符位置应相同名称可不同，顶出栈中素短语，非终结符入栈；

(3)M[a，b]为空白，语法错，调用相应出错处理程序；

(4)a=b=# 时分析结束。

例 5.3 表达式文法为

(0) $E'\rightarrow$#E#

(1)$E\rightarrow E+T$

(2)$E\rightarrow T$

(3)$T\rightarrow T*F$

(4)$T\rightarrow F$

(5)$F\rightarrow(E)$

(6)$F\rightarrow i$

算符优先归约判断最左素短语的步骤如表 5.4 所示。

表 5.4 对输入串 i+i*i 优先归约过程

栈	优先关系	输入串	最左素短语	下步动作
#	<	i+i*i#		移进 i
#i	>	+i*i#	I	用 F→i 归约
#F	<	+i*i#		移进+
#F+	<	i*i#		移进 i
#F+i	>	*i#	I	用 F→i 归约
#F+F	<	*i#		移进*

续表

栈	优先关系	输入串	最左素短语	下步动作
#F+F*	<	i#		移进 i
#F+F*i	>	#	I	用 F→i 归约
#F+F*F	>	#	F+F	用 T→T*F 归约
#F+T	>	#	F+T	用 E→E+T 归约
#E	=	#		结束

5.2.4　优先函数

在上面的算符优先分析法中，对算符之间的优先关系是以优先矩阵来表示的，n 个非终结符就需要 $(n+1)^2$ 个内存空间，这样需要占用大量内存空间，因此引入优先函数来表示优先关系。下面给出优先函数的定义。

定义 5.5　每个终结符 a 与两个优先函数 f(a)，g(a) 相对应。

f(a) 对应终结符对中左边的 a；g(a) 对应终结符对中右边的 a。

若 a=b　则令 f(a)=g(b)；

若 a<b　则令 f(a)<g(b)；

若 a>b　则令 f(a)>g(b)；

f、g 便是优先函数，它的值用整数表示。

用关系图法构造的优先函数的步骤为

(1) 对每一终结符 a(包括#)，用 f_a，g_a 为结点名；

(2) 若 $a_i>a_j$ 或 $a_i=a_j$，则从 $f(a_i)$ 到 $g(a_j)$ 画一条箭弧；若 $a_i<a_j$ 或 $a_i=a_j$，则从 $g(a_j)$ 到 $f(a_i)$ 画一条箭弧；

(3) 给每个结点赋一个数，此数等于从该结点出发所能到达的结点(包括该结点自身在内)的个数；赋给结点 $f(a_i)$ 的数，就是函数 $f(a_i)$ 的值，赋给 $g(a_j)$ 的数，就是函数 $g(a_j)$ 的值；

(4) 对构造出的优先函数，按优先关系矩阵检查一遍是否满足优先关系的条件，若不满足，则在关系图中有回路，说明不存在优先函数。

例 5.4　若已知优先关系矩阵如表 5.5 所示。

表 5.5　优先关系矩阵

	i	*	+	#
I		>	>	>
*	<	>	>	>
+	<	<	>	>
#	<	<	<	=

构造优先关系如图 5.6 所示。

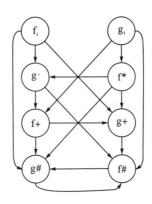

图 5.6　构造优先关系图

　　给 f_i 结点赋一个数，此数等于从该结点出发所能到达的结点(包括该结点自身在内)的个数，即 f_i，$g*$，$f+$，$g#$，$f#$，$g+$，因此赋给结点 f_i 的数是 6。同理可得其他结点的值。

　　由图 5.6 求得的优先函数结果如表 5.6 所示。

表 5.6　优先函数关系表

	I	*	+	#
F	6	6	4	2
G	7	5	3	2

　　表 5.6 中优先函数的优先关系与优先矩阵的优先关系是一致的。

　　优先函数可以节省存储空间，使行整数比较运算比查优先关系表方便。但是有些优先关系表不存在优先函数，而且原先不存在优先关系的两个终结符变成可比较其函数值大小了，需加以克服。

5.3　LR 分析

　　本章前面介绍的几种语法分析方法对相应的文法都有一定的要求。比如，自顶向下分析方法要求文法不存在左递归，并且每一规则的各候选式的终结首符集两两不相交；算符优先分析方法要求文法的各终结符号对间至多只有一种优先关系等。因此，上述这些方法在使用上有一定局限性。

　　LR 分析法是一类对上下文无关文法进行"自左向右的扫描和最左归约(即最右推导的逆过程)"分析的方法，是一种规范归约过程。

　　LR(k)分析方法是 1965 年由克努特(Knuth)提出的，其中 "L"表示从左至右扫描输入符号串，"R"表示构造一个最右推导的逆过程，"k"表示向右查看输入符号串的个数。

5.3.1   LR 分析器概述

LR 分析器(程序)可以识别绝大多数上下文无关文法写的编程语言结构,分析能力强且适用范围广。它在自左向右扫描输入串时能发现其中错误,并能指出出错地点;LR 分析器可以通过语法分析器生成工具 YACC 进行自动生成。

LR 分析器工作过程如图 5.7 所示,它主要由总控程序、分析表和分析栈三个部分组成。一般说来,LR 分析器总控程序和分析栈序是一样的,只是分析表各不相同。

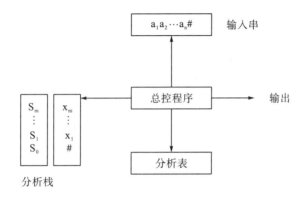

图 5.7   LR 分析器工作过程

(1)总控程序。所有 LR 分析器的总控程序都是相同的,共有 4 种动作:移进、归约、接受、出错。

(2)分析表(分析函数)。常见的有 4 种。

LR(0)分析表:适应文法范围小,是其他类型分析表构造的基础。

SLR(1)分析表:是 LR(0)分析表的改进,适应文法范围强于 LR(0)。

LR(1)分析表:分析能力强(指适应范围,查错速度),但状态太多。

LALR(1)分析表:LR(1)分析表的改进,分析能力强于 SLR(1)而稍弱于 LR(1),但状态少于 LR(1)。

利用 4 种不同分析表可得到 4 种不同的 LR 分析法。例如,LR(0)分析表的形式如表 5.7 所示。

表 5.7   LR(0)分析表的形式

状态	ACTION	GOTO
	列出文法的终结符和#	列出文法的非终结符
0		
1	表示当前状态下所面临输	表示当前状态面临
2	入符应做的动作是移进、归约、接受、出错四种之一	文法符号时应转向的下一个状态
3		
...		

(3) 分析栈。包括文法符号栈和相应的状态栈，它们均是先进后出栈。

下面主要介绍 4 种 LR 分析表。LR(0)，最简单分析表，局限性大，是其他分析表的基础。SLR，简单分析表，容易实现，功能比 LR(0) 稍强些。LR(1)，分析能力最强，但实现代价高。LALR 分析表，即向前看 LR 分析表，功能介于 SLR(1) 和 LR(1) 之间，适用于大多数程序设计语言的结构，并且可以比较有效地实现。

5.3.2 LR(0) 分析

构造 LR(0) 分析表的思想和方法是构造其他 LR 分析表的基础。为将最右推导和最左归约的关系分析得更加清楚，引入可归前缀来进行分析，并用它来构造识别有穷自动机，最后再构造 LR(0) 分析表。

1. 可归前缀

规范句型中，包括句柄及句柄以左的部分，称为可归前缀。

例如，文法 G[S]：（在各产生式尾部加上编号，但编号不是文法符号）

S→aAcBe[1]

A→b[2]

A→Ab[3]

B→d[4]

句子 abbcde 的规范归约过程为

S⇒aAcBe[1]

⇒aAcd[4]e[1]

⇒aAb[3]cd[4]e[1]

⇒ab[2]b[3]cd[4]e[1]

其逆过程为最左归约(规范归约)，其归约得规范句型序列归约为

<u>ab[2]</u>b[3]cd[4]e[1]

<u>aAb[3]</u>cd[4]e[1]

aAcd[4]e[1]

aAcBe[1]

S

其中下划线部分为可归前缀。有些可归前缀的前缀是相同的，不仅仅属于某一个规范句型。可归前缀的前缀称为活前缀。假设某文法 G 的全部可归前缀为

$\alpha_1[P_1]$

$\alpha_2[P_2]$

⋮

$\alpha_n[P_n]$

进行语法分析时，只要将待分析符号串的当前部分符号与 $\alpha_i[P_i]$ 进行比较，便可知是否归约，以及应按哪条产生式归约。

为了得到所有可归前缀，可以对文法 G 构造一个有穷自动机，该有穷自动机能识别文法 G 的所有可归前缀。

2. 构造识别可归前缀的有穷自动机

文法的识别可归前缀的有穷自动机以文法的"项目"作为它的状态，文法的项目是在文法的每一条规则的右部添加一个圆点而形成的。

例如，产生式 U→XYZ 对应 4 个项目：

U→·XYZ　　　　　U→X·YZ　　　　　U→XY·Z　　　　　U→XYZ·

之所以这样构造项目，是受可归前缀的启发。用项目表示分析的进程。

圆点表示识别一个产生式右部符号所到达的位置，已从输入串看到可由圆点左部推出的符号串，希望看到圆点右部推出的符号串。即表示在识别可归前缀的过程中，对句柄(即某产生的右部)已识别过的部分。

不同的 LR(0)项目，反映了分析栈顶的不同情况。根据 LR(0)项目的作用不同，可分为 4 类。

(1)圆点在最右端的项目，形如 A→α·，表示已从输入串看到能由一条产生式右部推导出的符号串，即已达一可归前缀末端，已识别出句柄可以归约，这种项目称为归约项目，相应状态称为归约状态。

(2)对形如 S'→S 的项目，其中 S 是文法开始符号，称为接受项目，相应状态称为接受状态，表明可由 S 推导的输入串已全部识别完，整个分析过程成功结束。

(3)对于形如 A→α·aβ 的项目，表明尚未识别一可归前缀，需将 a 移进符号栈，故称移进项目，相应状态为移进状态。

(4)对于形如 A→α·Bβ 的项目，表明期待分析由 B 所推出的串归约到 B，从而识别 B。故称为待约项目，相应状态为待约状态。

下面介绍两种构造识别可归前缀的有穷自动机的方法。

方法一：首先构造识别可归前缀的 NFA，然后将其确定化得到 DFA。

初态为 S'→·S，为此，需先将文法拓广，加 S'→S 产生式。

如果状态 i 为 $x→x_1\cdots x_{i-1}·x_i\cdots x_n$；

如果状态 j 为 $x→x_1\cdots x_{i-1}x_i·x_{i+1}\cdots x_n$；

则作图 5.8：

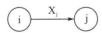

图 5.8　状态 i 接受 x_j 到达状态 j

若 x_i 是非终结符，且 $x_i→r_1|r_2|\cdots|r_n$，则再作图 5.9：

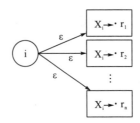

图 5.9 当 x_i 为非终结符时构造子图

终态，形如 $x \rightarrow x_1x_2\cdots x_n\cdot$。 即为可归前缀识别态。

例 5.5 文法 G′ 为

S′→E

E→aA|bB

A→cA|d

B→cB|d

识别可归前缀的 NFA（部分）如图 5.10 所示。

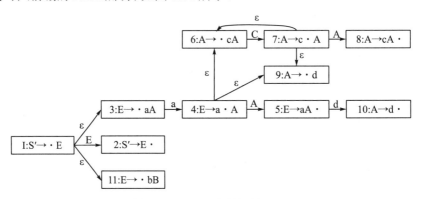

图 5.10 识别可归前缀的 NFA

然后将 NFA 确定化，得 DFA（部分）如图 5.11 所示。

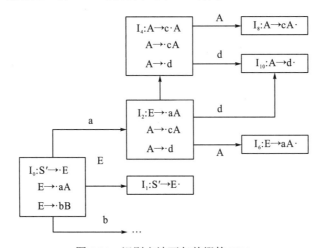

图 5.11 识别文法可归前缀的 DFA

方法一首先构造 NFA 再构造 DFA 过程较为复杂，为此考虑直接构造文法的可归前缀 DFA 的方法。

方法二：根据文法直接构造识别文法可归前缀的 DFA。

(1)拓广文法：对文法 G 加一条产生式 S′→S 得 G′，目的是使开始状态唯一，接受状态易于识别。

(2)定义项目集 I 的闭包 CLOSURE(I)。

①的项目均属于 CLOSURE(I)；

②若 A→α·Bβ 属于 CLOSURE(I)，则每一形如 B→·γ 的项目也属于 CLOSURE(I)；

③重复②，直到 CLOSURE(I)不再增大。

(3)定义状态转换函数 GO(I，X)。

I 是项目集，X 是文法符号。

GO(I，X)=CLOSURE(J)

其中，J={任何形如 A→αx·β的项目|A→α·xβ∈I}。

以上可以避免出现ε弧，避免从同状态射出相同标记弧。

(4)构造 DFA。

①DFA 的初态集：CLOSURE({S′→·S})；

②对初态集或其他所构造的项目集应用转换函数　GO(I，X)=CLOSURE(J)求出新的项目集；

③重复②直到不出现新的项目集。

DFA 中所有状态组成的集合也称为该文法的 LR(0)项目集规范族。

例 5.6　文法 G：

(1)S→aAc

(2)A→Abb

(3)A→b

构造识别 G 可归前缀的 DFA(也称识别 G 活前缀的 DFA)，如表 5.8 所示。

表 5.8　DFA 的状态转换矩阵

I	Go(I, a)	Go(I, b)	Go(I, c)	Go(I, s)	Go(I, A)
I0: {S′→·S S→·aAc}	I1: {S→a·Ac A→·Abb A→·b}			I2: {S′→S}	
I1: {S→a·Ac A→·Abb A→·b}		I3{A→b·}			I4: {S→aA·c A→A·bb}
I2: {S′→S·}					
I3: {A→b·}					
I4: {S→aA·c A→A·bb}		I5: {A→Ab·b}	I6: {S→aAc·}		
I5: {A→Ab·b}		I7: {A→Abb·}			
I6: {S→aAc·}					
I7: {A→Abb·}					

状态转换图如图 5.12 所示。

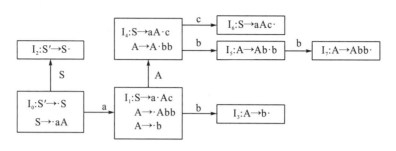

图 5.12 状态转换图

3. 构造 LR(0) 分析表

首先构造文法的识别可归前缀(或活前缀)的 DFA;利用 DFA 的状态转换矩阵,构造 LR(0) 分析表较为方便。

LR(0) 分析表构造算法,用项目集 I_k 的下标 k 表示分析表的状态。其中 I_k 为项目集的名字,k 为状态名,令包含 $S' \rightarrow \cdot S$ 项目的集合 I_k 的下标 k 为分析器的初始状态。那么分析表的 ACTION 表和 GOTO 表构造步骤如下。

(1)若项目 $A \rightarrow \alpha \cdot a \beta$ 属于 I_k 且转换函数 $GO(I_k, a) = I_j$,当 a 为终结符时则置 ACTION[k, a] 为 S_j,其动作含义为将终结符 a 移进符号栈,状态 j 进入状态栈(即当状态 k 遇 a 时转向状态 j)。

(2)若项目 $A \rightarrow \alpha \cdot$ 属于 I_k,则对 a 为任何终结符或"#"号,置 ACTION[k, a] 为"r_j",j 为在文法 G′ 中某产生式 $A \rightarrow \alpha$ 的序号。r_j 动作的含义是把当前文法符号栈顶的符号串 α 归约为 A,且将栈指针从栈顶向下移动 $|\alpha|$ 的长度(或符号栈中弹出 $|\alpha|$ 个符号),非终结符 A 变为当前面临的符号。

(3)若 $GO(I_k, A) = I_j$,则置 GOTO[k, A] 为"j",其中 A 为非终结符,表示当前状态为"k"时,遇文法符号 A 时状态应转向 j,因此 A 移入文法符号栈,j 移入状态栈。

(4)若项目 $S' \rightarrow S \cdot$ 属于 I_k,则置 ACTION[k, #] 为"acc",表示接受。

(5)凡不能用上述方法填入的分析表的元素,均应填上"报错标志"。为了表的清晰展示,表中用空白表示错误标志。

根据这种方法构造的分析表不含多重定义时,称这样的分析表为 LR(0) 分析表,能用 LR(0) 分析表的分析器称为 LR(0) 分析器,能构造 LR(0) 分析表的文法称为 LR(0) 文法。

例 5.7 对文法 G′

(0) $S' \rightarrow S$

(1) $S \rightarrow aAc$

(2) $A \rightarrow Abb$

(3) $A \rightarrow b$

由识别可归前缀的 DFA(状态转换矩阵)构造得 LR(0) 分析表如表 5.9 所示。

表 5.9　LR(0)分析表

状态	ACTION				GOTO	
	a	b	c	#	S	A
$\Rightarrow 0$	S_1				2	
1		S_3				4
2				acc		
3	r_3	r_3	r_3	r_3		
4		S_5	S_6			
5		S_7				
6	r_1	r_1	r_1	r_1		
7	r_2	r_2	r_2	r_2		

注：空白表示错误标志。

4. LR(0)分析器的工作过程

在分析的每一步，通用的总控程序按照状态栈顶状态 q 和当前输入符号 a 查阅 LR(0) 分析表，并执行其中 ACTION[q，a]和 GOTO 部分规定的操作。

初始：分析栈　　　　输入串

　　S_0　#　　　　　α　#

写成三元式形式：

　　状态栈　　　符号栈　　　输入串

　　S_0　　　　　#　　　　　α #

设分析到某一步，三元式是如下形式：

　　状态栈　　　　　符号栈　　　　　　　　输入串

　　$q_0 q_1 \cdots q_i$　　　# $x_1 x_2 \cdots x_i$　　　　　　　$a_k \cdots$#

下一步的操作，根据当前栈顶状态 q_i 和当前输入符号 a_k 查阅 LR(0)分析表，执行其中 ACTION[q_i，a_k]所规定的动作。

(1)若 ACTION[q_i，a_k]=S_j，则将状态 S_j，a_k 进栈，三元式变化过程：

　原来状况　　　$q_0 q_1 \cdots q_i$　　　　　# $x_1 x_2 \cdots x_i$　　　　　$a_k a_{k+1} \cdots a_n$#

　移进后　　　　$q_0 q_1 \cdots q_i q_j$　　　# $x_1 x_2 \cdots x_i a_k$　　　$a_{k+1} \cdots a_n$#

(2)若 ACTION[q_i，a_k]=r_j，且第 j 条产生式为 A→β，|β|=r，则按第 j 条产生式归约。设第 j 条产生式为 A→β，|β|=m，则三元式变化过程如下：

　状态栈　　　　　　　符号栈　　　　　　输入串　　　　　　说明

$q_0 q_1 \cdots q_{i-m} q_{i-m+1} \cdots q_i$　# $x_1 x_2 \cdots x_{i-m} x_{i-m+1} \cdots x_i$　$a_k a_{k+1} \cdots a_n$#　　原来的状况

$q_0 q_1 \cdots q_{i-m}$　　　# $x_1 x_2 \cdots x_{i-m} A$　　　$a_k a_{k+1} \cdots a_n$#　　从栈中顶出 m 项，A 进栈

$q_0 q_1 \cdots q_{i-m} q_t$　# $x_1 x_2 \cdots x_{i-m} A$　　　$a_k a_{k+1} \cdots a_n$#　　查 GOTO[q_{i-m}，A]=q_t

(3)若 ACTION[q_i，a_k]=acc 则结束分析，输入串被接受。

(4)若 ACTION[q_i，a_k]=ERROR 或表中为空白，表示出错，进行相应出错处理。

例 5.8　已知文法 G′ 为

(0) $S' \rightarrow S$

(1) $S \rightarrow aAc$

(2) $A \rightarrow Abb$

(3) $A \rightarrow b$

该文法的 LR(0) 分析表如表 5.10 所示。

表 5.10   LR(0) 分析表

状态	ACTION				GOTO	
	a	b	c	#	S	A
⇒0	S_1				2	
1		S_3				4
2				acc		
3	r_3	r_3	r_3	r_3		
4		S_5	S_6			
5		S_7				
6	r_1	r_1	r_1	r_1		
7	r_2	r_2	r_2	r_2		

注：空白表示错误标志。

输入分析输入串 abbbc，分析步骤如表 5.11 所示。

表 5.11   输入串 abbbc 的分析过程

状态栈	符号栈	输入串	ACTION	GOTO
0	#	abbbc#	S1	
01	#a	bbbc#	S3	
013	#ab	bbc#	r3	4
014	#aA	bbc#	S5	
0145	#aAb	bc#	S7	
01457	#aAbb	c#	r2	4
014	#aA	c#	S6	
0146	#aAc	#	r1	2
02	#S	#	acc	

5. 非 LR(0) 文法的判断

判断方法一：考察识别文法可归前缀的 DFA，若某个状态(即项目集)中既含移进项目又含归约项目，或含不只一个归约项目，则会发生分析动作的冲突，可知该文法不是 LR(0) 文法。

判断方法二：若文法的 LR(0) 分析表中含多重定义，即表中某项动作不唯一，则该文法不是 LR(0) 文法。

5.3.3 SLR(1)分析

1. SLR(1)方法的引进

LR(0)方法实际上隐含了这样一个要求：构造出的识别可归前缀的有穷自动机的各个状态中不能有冲突项目，否则分析表将含有动作冲突。

设有一个状态 I：$x \rightarrow \alpha \cdot b\beta$

$$A \rightarrow r \cdot$$
$$B \rightarrow \delta \cdot \quad 含有冲突项目$$

在 LR(0)分析表中，对任何终结符 a(包括#)ACTION[I，a]的动作均为归约。

这样就造成移进与其他归约之间的冲突。

若对于 $A \rightarrow r \cdot$ 改为只对 FOLLOW(A)中的元素(设为 a)，ACTION[I，a]为归约；对于 $B \rightarrow \delta \cdot$ 只对 FOLLOW(B)中元素才归约，如此处理后：

如果 FOLLOW(A)∩FOLLOW(B)=∅，FOLLOW(A)∩{b}=∅且 FOLLOW(B)∩{b}=∅，则当状态 I 面临输入符号为 b 时，分析动作可唯一确定(移进)。

用 SLR(1)方法，对于当前状态中的归约项目，如 $A \rightarrow \alpha \cdot$，必须当前输入符号属于 FOLLOW(A)时，才可做归约。有望解决 LR(0)方法中的分析动作冲突问题。

2. SLR(1)分析表的构造

将 LR(0)分析表构造算法中的 b)改为

若项目 $A \rightarrow \alpha \cdot$ 属于 I_k，则对 a 为任何终结符或"#"号，且满足 a∈FOLLOW(A)时，置 ACTION[k，a]为"r_j"，j 为在文法 G′中某产生式 $A \rightarrow \alpha$ 的序号。

其余均同 LR(0)分析表的构造 SLR(1)分析。

总控程序使用 SLR(1)分析表进行分析。

3. 非 SLR 文法的判断

判断方法一：对识别文法可归前缀 DFA 中任一状态下，设形式为

$$A_1 \rightarrow \alpha_1 \cdot a_1\beta_1$$
$$\vdots$$
$$A_m \rightarrow \alpha_m \cdot a_m\beta_m$$
$$B_1 \rightarrow r_1 \cdot$$
$$\vdots$$
$$B_n \rightarrow r_n \cdot$$

必须：

$$\{a_1, \cdots, a_m\}$$
$$FOLLOW(B_1)$$
$$\vdots$$

$$FOLLOW(B_n)$$

两两不相交，否则，文法不是 SLR 文法。

判断方法二：若构造的 SLR 分析表有多重定义，则文法不是 SLR 文法。

5.3.4 LR(1)分析

1. LR(1)方法的引进

对某些文法，用 SLR(1) 方法仍解决不了分析动作的冲突问题，可采取以下措施：若某归约项目 A→α·∈I，当 I 为当前状态，面临当前输入符号 a 时，只有 a 是在 I 状态下 A 的后继符号时才用 A→α产生式归约，而不是对 A 的所有后继符号都可以归约。从而有望解决冲突。

2. 构造以 LR(1)项目集为状态的识别可归前缀的 DFA

为了得知在 I 状态下，归约项目 A→α· 的 A 的后继符号是哪些，在 LR(0) 项目的后面加上向前搜索符，称为 LR(1)项目。

如：A→α·，b

初态：CLOSURE(S′→S，#)

构造 CLOSURE(I) 的方法：

(1) I 的任何项目均属于 CLOSURE(I)；

(2) 如果项目 A→α·Bβ，a 属于 CLOSURE(I)，且 B→r 是文法中的产生式，b∈FIRST(βa) 则 B→·r，b 也属于 CLOSURE(I)；

(3) 重复(2)，直至 CLOSURE(I) 不再增大。构造 GO 函数方法与 LR(0) 的相似，向前搜索符无变化。

3. LR(1)分析表的构造

将 LR(0) 分析表构造算法中的 b) 中：若项目 A→α·属于 I_k，则对 a 为任何终结符或"#"号，置 ACTION[k，a] 为 r_j，改为：若项目 [A→α·，a] 属于 I_k，则置 ACTION[k，a]=r_j。

4. LR(k)分析表

如果用 LR(1) 方法仍不能解决冲突，则可再向前多搜索几个符号，这时的项目为 [A→α·β，$a_1a_2\cdots a_k$]，称为 LR(k)项目，相应的分析表构造方法类似 LR(1) 分析表的构造。

5.3.5 LALR(1)分析

在 LR(1) 项目中，有很多状态中的项目除了向前搜索符号不同外，产生式部分是完全相同的，称这样的状态是同心的，为了克服 LR(1) 分析中状态太多的问题，可以将这些同心集合并。如果合并后得到的新状态没有冲突出现，则按新状态构造分析表。这就是

LALR(1)分析法的基本思想。

　　注意：语法分析器的自动生成器 YACC 表示 "yet another compiler-compiler" 即 "又一个编译器的编译器" 就是使用 LALR(1)分析表进行分析的。

5.4　LR 的自动生成工具

　　LR 分析的目的是识别所有上下文无关文法写的编程语言结构，下面以 LR(0)为例介绍 LR 的自动生成工具。

　　进行一个 LR(0)分析，主要实现计算闭包函数 CLOSURE、转向函数 GO(I，X)的算法，以及 ACTION 子表和 GOTO 子表的构造。

　　在这之后输入任意的压缩了的上下文无关文法，可以输出相应的 LR(0)分析表。

　　使用闭包函数 CLOSURE 和转换函数 GO(I，X)构造文法 G′ 的 LR(0)的项目集规范族，步骤如下。

　　(1)置项目 S′→·S 为初态集的核，然后对核求闭包 CLOSURE({S′→·S})得到初态的闭包项目集。

　　(2)对初态集或其他所构造的项目集应用转换函数 GO(I，X)=CLOSURE(J)求出新状态 J 的闭包项目集。

　　(3)重复(2)直到不出现新的项目集。

　　计算 LR(0)项目集规范族 C={I_0，I_1，…，I_n}的算法伪代码如下：

```
Procedure itemsets(G′);
   Begin  C:={ CLOSURE ({S′→·S})}
        Repeat
          For C 中每一项目集 I 和每一文法符号 X
         Do  if  GO(I，X) 非空且不属于 C
              Then 把 GO(I，X) 放入 C 中
        Until C 不再增大
End;
```

案 例 分 析

案例1

　　已知文法 G 为

　　S→a|∧|(T)

　　T→T，S|S

　　要求：

　　(1)计算 G[S]的 FIRSTVT 和 LASTVT。

　　(2)构造 G[S]的算符优先关系表并说明 G[S]是否为算符优先文法。

(3)计算 G[S]的优先函数。

(4)给出输入串(a，a)#算符优先分析过程。

(5)给出输入串(a，a)的最右推导和规范归约过程。

案例详解：

文法展开为

S→a

S→∧

S→(T)

T→T，S

T→S

(1)计算 G[S]的 FIRSTVT 和 LASTVT(表 5.12)。

表 5.12   FIRSTVT-LASTVT 表

非终结符	FIRSTVT 集	LASTVT 集
S	{a∧(}	{a∧)}
T	{a∧(, }	{a∧), }

(2)构造 G[S]的算符优先关系表并说明 G[S]是否为算符优先文法(表 5.13)。

表 5.13   算符优先关系表

	a	∧	(	)	,	#
a				>	>	>
∧				>	>	>
(	<	<	<	=	<	
)				>	>	>
,	<	<	<	>	>	
#	<	<	<			=

表中无关系冲突，所以是算符优先(OPG)文法。

(3)计算 G[S]的优先函数(表 5.14)。

表 5.14   G[S]的算符优先函数

	a	∧	(	)	,	#
f	2	1	2	2	2	1
g	3	3	1	1	3	1

(4)给出输入串(a，a)#算符优先分析过程(表 5.15)。

表 5.15　输入串(a，a)#算符优先分析过程

栈(STACK)	当前输入字符(CHAR)	剩余输入串(INPUT_STRING)	动作(ACTION)
#	(	a, a)#	Move in
#(	a	, a)#	Move in
#(a	,	a)#	Reduce：S→a
#(N	,	a)#	Move in
#(N,	a	)#	Move in
#(N, a	)	#	Reduce：S→a
#(N, N	)	#	Reduce：T→T，S
#(N	)	#	Move in
#(N)	#		Reduce：S→(T)
#N	#		

(5)给出输入串(a，a)的最右推导和规范归约过程(表 5.16)。

(a，a)的最右推导过程为

$$S \Rightarrow (T) \Rightarrow (T, S) \Rightarrow (T, a) \Rightarrow (S, a) \Rightarrow (a, a)$$

表 5.16　(a，a)的规范归约过程

步骤	栈	输入	动作
1	#	(a, a)#	移进
2	#(	a, a)#	移进
3	#(a	, a)#	归约，S→a
4	#(S	, a)#	归约，T→S
5	#(T	, a)#	移进
6	#(T,	a)#	移进
7	#(T, a	)#	归约，S→a
8	#(T, S	)#	归约，T→T，S
9	#(T	)#	移进
10	#(T)	#	归约，S→(T)
11	# S	#	接受

案例 2

若有定义二进制数的文法如下：

S→L.L|L

L→LB|B

B→0|1

要求：

(1)试为该文法构造 LR 分析表，并说明属于哪类 LR 分析表。

(2)给出输入串 101.110 的分析过程。

案例详解：

(1)试为该文法构造 LR 分析表，并说明属哪类 LR 分析表。

首先，拓广文法为 G′，增加产生式 S′→S。

将产生式排序为

0 S′→S

1 S→L.L

2 S→L

3 L→LB

4 L→B

5 B→0

6 B→1

接着，构建 FIRST-FOLLOW 表，如表 5.17 所示。

表 5.17 FIRST-FOLLOW 表

	S′	S	L	B
FIRST 集	{0, 1}	{0, 1}	{0, 1}	{0, 1}
FOLLOW 集	{#}	{#}	{., 0, 1, #}	{., 0, 1, #}

然后，构建 G′的 LR(0)项：集族及识别活前缀的 DFA。如图 5.13 所示。

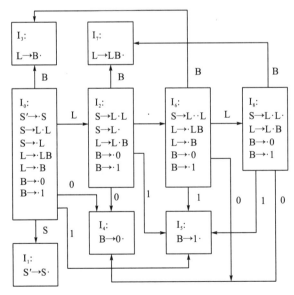

图 5.13 G′ 的 LR(0)项目集族及识别活前缀的 DFA

在 I_2 中：B→·0 和 B→·1 为移进项目，S→L·为归约项目，存在移进-归约冲突，因此所给文法不是 LR(0) 文法。

在 I_2、I_8 中：FOLLOW(s)∩{0，1}={#}∩{0，1}=∅，所以在 I_2、I_8 中的移进-归约冲突可以由 FOLLOW 集解决，所以 G 是 SLR(1) 文法(表 5.18)。

表 5.18　SLR(1) 分析表

状态	ACTION				GOTO		
	.	0	1	#	S	L	B
0		S4	S5		1	2	3
1				acc		.	
2	S6	S4	S5	r2			7
3	r4	r4	r4	r4		.	
4	r5	r5	r5	r5		.	
5	r6	r6	r6	r6		.	
6		S4	S5			8	3
7	r3	r3	r3	r3		.	
8		S4	S5	r1			7

(2) 给出输入串 101.110 的分析过程(表 5.19)。

表 5.19　对输入串 101.110#的分析过程

状态栈(state stack)	文法符号栈	剩余输入串(input left)	动作(action)
0	#	101.110#	Shift
0 5	#1	01.110#	Reduce by：B→1
0 3	#B	01.110#	Reduce by：S→LB
0 2	#L	01.110#	Shift
0 2 4	#L0	1.110#	Reduce by：B→0
0 2 7	#LB	1.110#	Reduce by：S→LB
0 2	#L	1.110#	Shift
0 2 5	#L1	.110#	Reduce by：B→1
0 2 7	#LB	.110#	Reduce by：S→LB
0 2	#L	.110#	Shift
0 2 6	#L.	110#	Shift
0 2 6 5	#L.1	10#	Reduce by：B→1
0 2 6 3	#L.B	10#	Reduce by：S→B
0 2 6 8	#L.L	10#	Shift
0 2 6 8 5	#L.L1	0#	Reduce by：B→1
0 2 6 8 7	#L.LB	0#	Reduce by：S→LB
0 2 6 8	#L.L	0#	Shift
0 2 6 8 4	#L.L0	#	Reduce by：B→0
0 2 6 8 7	#L.LB	#	Reduce by：S→L.L
0 1	#S	#	

分析成功，说明输入串 101.110 是案例 2 文法的句子。

习　题

5.1　有文法 G[S]：

Z→V

V→T|ViT

T→F|T+F

F→)V*|(

(1)给出(+(i(的规范推导。

(2)指出句型 F+Fi(的短语、句柄、素短语。

(3)G[S]是否为 OPG? 若是，给出(1)中句子的分析过程。

5.2　有文法 G[S]：

S→S；G|G

G→G(T)|H

H→a|(S)

T→T+S|S

(1)构造 G[S]的算符优先关系表，并判断 G[S]是否为算符优先文法。

(2)给出句型 a(T+S)；H；(S)的短语、句柄、素短语和最左素短语。

(3)给出 a；(a+a)和(a+a)的分析过程，说明它们是否为 G[S]的句子。

(4)给出(3)中输入串的最右推导，分别说明两输入串是否为 G[S]的句子。

5.3　已知文法

A→aAd|aAb|ε

判断该文法是否是 SLR(1)文法，若是构造相应分析表，并对输入串 ab#给出分析过程。

5.4　考虑文法

S→A S|b

A→S A|a

(1)构造文法的 LR(0)项目集规范族及相应的 DFA。

(2)构造文法的 SLR 分析表。

(3)对于输入串 bab，给出 SLR 分析器所作出的动作。

(4)构造文法的 LR(1)分析表和 LALR 分析表。

5.5　有文法 G=({U，T，S}，{a，b，c，d，e}，P，S)

　　其中 P 为

S→UTa|Tb

T→S|Sc|d

U→US|e

(1)判断 G 是 LR(0)，SLR(1)，LALR(1)还是 LR(1)，说明理由。

(2)构造相应的分析表。

实践项目三

项目名称：判定算符优先文法

项目要求：按照 CDIO 规范，编写一个程序，用于判定给定的文法是否为算符优先文法。

注意：(1)文法的机内表示；

　　　(2)FIRSTVT 集和 LASTVT 集的计算；

　　　(3)算符优先关系矩阵的构造。

所提交实践报告应包括：

　　(1)实验目标；

　　(2)实现方案；

　　(3)实现步骤；

　　(4)结构算法；

　　(5)测试用例；

　　(6)运行结果；

　　(7)实践体会。

第6章 语义分析与符号表

6.1 语义分析概述

语义就是语言中符号的实际含义，语言是语义的载体，语义是语言的内涵。在编译器中，语义分析主要检查各种语法成分的语义是否符合语义规定，例如参与运算的表达式类型是否一致，赋值语句的赋值左部和右部类型的一致性，数组元素的维数与数组说明维数的一致性，每一维的下标是否越界，在相同作用域中名字是否被重复说明等。

目前尚无公认的、统一的形式化语义描述工具，但研究者已提出一些针对某些特殊语言的语义描述工具，如公理语义、指称语义、代数语义、操作语义等。程序的语义分为静态语义和动态语义。静态语义是在编译阶段可以检查的语义，动态语义是通过程序的执行才能检查的语义。在大多数程序设计语言中，语义类型都属于静态语义，而且是最重要的静态语义，可以说静态语义主要就是类型检查。

语义分析和符号表密切相关。符号表是编译器在编译阶段记录程序语言中各个符号的相关语义性质的数据结构，它对符号及其相关语义进行分析，为语义检查和代码生成提供符号的语义信息。常见的语义性质包括符号的词形、类型信息、内存地址、作用域等。

符号表的生命周期是从语法分析开始到整个编译过程结束。如果编译器支持动态调试，符号表的内容可能还将保存在编译好的执行文件中。一遍扫描的编译器由源程序直接生成目标代码，因此没有独立的语义分析；多遍扫描的编译器也未必存在独立的语义分析，语义分析可能分散到编译过程的几个阶段完成。几乎所有的现代编译器都是语法制导的，即语义分析实现与语法分析相结合。

6.2 符号表的作用

在编译程序中，符号表用来存放源程序中出现的各种符号的信息，这些信息集中反映了符号的语义特征属性，为语义检查和代码生成提供依据，是语义分析和代码生成的基础和不可缺少的最基本的部分。

符号表是存储程序中出现的各种符号及其相关信息的表格，其中的信息描述符号的语义(属性)。符号表可看作从符号的名字到它的属性的映射，如表6.1所示。

表 6.1　符号表

标识符名字	属性
A1	variable，place，level，…
x	void，function，size，…
…	…

符号表的作用主要包括辅助的语义检查和辅助的代码生成两个方面。编译程序在词法分析到代码生成的各阶段，不断地积累和更新表中的信息，并按各自的需要从表中获取信息。符号表的功能归结为以下三个方面。

(1) 收集符号属性。

在分析语言程序中标识符说明部分时，编译程序根据说明信息收集有关标识符的属性，并在符号表中建立符号的相应属性信息。如 PL/0 语言编译的符号表。

(2) 上下文语义的合法性检查的依据。

通过符号中属性记录可检查标识符属性在上下文中的一致性和合法性。例如，是否未说明就引用，说明与引用其属性、类型是否一致；是否有重复定义；运算量间运算类型是否一致等。

(3) 作为目标代码生成阶段地址分配的依据。

源程序中的变量在目标代码生成时需要确立其在存储分配的位置(主要是相对位置)，而地址分配主要依据变量的类型及其在源程序中被说明的位置。如在第几层分程序，是静态区还是动态区等，分配其在相应数据区中的相对地址，而这些地址分配的依据都作为变量的语义信息被收集在该变量的符号表属性中。

6.3　符号表的内容

记录源程序中出现的各个符号及其属性是符号表的首要任务。在高级语言中，符号主要包括常量、类型、变量、域名、函数、过程等。虽然不同的语言定义的属性不完全相同，但是名字、类型和地址等这样的信息通常都是需要的。本节主要讨论符号表中一般设置的属性及其作用。

1. 符号名

源程序中一个标识符可以是一个变量名、常量名、函数名或过程名，登记在符号表中，通常把一个标识符在符号表中的位置(通常是一个整数)称为该标识符的内部代码，从而取代该标识符。

每个符号通常由若干非空字符组成的字符串来表示。在程序设计语言中，符号的名字是变量、过程等的唯一标志，因此一般不允许重名。一旦一个符号存入符号表，符号的名字就和符号表中的某个位置建立了一一对应的关系，由此可以用一个符号在符号表中的位置(通常是一个整数)来表示该符号。如果出现同名的符号，将按照程序定义的作用域和可见性规则处理。

　　一般来说，名字的长度在一定的范围内是可变的。存储名字的字段如果采用固定长度的表域，就可能会对内存空间造成巨大的浪费，尤其是变化范围较大的程序设计语言，如 PASCAL 和 C 语言。为了提高空间的利用率，可以采用变长的表域来存储名字。

　　图 6.1 所示的就是三种变长名字表域的处理方法，即引入一个单独的字符串，将所有的名字都存放到这个表中，而符号表中只要存储对应的起始位置。为了知道每一个符号的名字，仅知道它在字符串中的起始位置还不够，还需要指定长度或者再指定每一个名字的结束位置。图 6-1(a) 就是通过指定长度来确定每个名字，且长度存在符号表中；图 6-1(b) 与它的区别是长度信息存在字符串表中；图 6-1(c) 通过结束标志 '\0' 指定名字在字符串表中的结束位置。

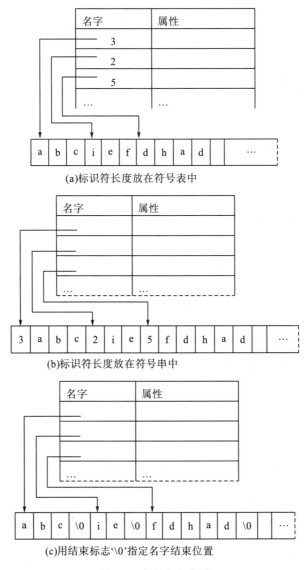

图 6.1　变长名字表域

2. 符号的类型信息

符号的种类：如常量、变量、数组、标号、函数或过程等。

符号的类型：如整型、实型、字符型、布尔型等。

数组：应包括维数、上下界、计算下标地址时涉及的常量等，放在数组信息向量表即内情向量表中，用于确定存储分配时所占空间，确定数组元素的位置。

过程或函数：应包括参数的个数、类型、排列次序等用作调用过程的匹配处理和语义检查。

记录结构：应包括其成员的类型、个数、排列次序等信息。以便确定结构型变量应分配的空间及结构成员的位置。

3. 符号变量的存储分配信息

存储类别：如全局量还是局部量，静态存储变量还是动态存储变量等，作为存储分配的依据。

地址表示：简单变量或常量，一般是该量在数据区所占单元的绝对或相对地址；数组，是该数组在数据区中的首地址；过程或函数，是该过程或函数的分程序入口地址。

某些符号的属性获取相对容易，如符号的类型信息，因为在符号的定义部分通常会有明确的说明。编译程序一般可以很容易地收集到这些信息并将其存入相应符号表的表项中。但是对于某些属性如地址，获取就困难得多。关于存储分配策略将在第 8 章介绍。

一般来说，需要地址信息的符号有变量和函数(包括过程)。

函数标识符的地址是指该函数的入口地址，即该函数的第一条指令的地址。当该函数之前的所有代码都翻译成目标代码之后，该函数的第一条指令的相对地址就是前面指令计数加 1。通常一个编译程序会有两个存储区——静态存储区和动态存储区；有两种存储空间的分配策略——静态分配策略和动态分配策略。静态存储区是整个程序在运行的过程中不可以改变的存储单元；动态存储区存储局部信息，适应动态的申请与释放，以提高对空间的利用率。静态存储区一般又分为代码段和静态数据区，即代码进行静态分配。只要已知程序的第一条指令的地址(基地址)，该程序中任意一个函数标识符的地址就是基地址加相对地址。而一旦程序装入内存(即运行)就可以知道基地址，因此在符号表中，函数标识符的地址信息就是相对地址。

变量通常存储在数据区，根据区分为全局变量或局部变量，将分别存储在静态数据区和动态数据区。然而，不论采用静态分配还是动态分配，一个变量的地址除了与该存储区的基地址相关，还与它在该存储区内的偏移量相关。存储区的基地址由运行时的实际分配的地址决定，偏移量则通常由符号出现的顺序决定，例如变量 a 的偏移地址可以由与它在同一个作用域且在 a 之前声明的变量所占的空间大小计算得到。

例如，在下面的程序片段运行时，变量 b 的地址除了与 f 的基地址相关，还与在 f 内部 b 声明的顺序相关。

```
void f()
{  int a, b;
```

```
    a=1;
    b=a+1;
}
```

一般来说，为了让一个过程能够顺利地返回它被调用的地方，以及访问到非局部变量，除了需要在数据区存储变量，还需要存储与运行相关的控制信息，如返回地址。对于一种程序设计语言，控制信息的大小是可以预知的。因此，根据 f 的基地址以及变量 b 声明之前的变量所占的空间（通常称为宽度）就可以计算出 b 的地址信息，如图 6.2 所示。

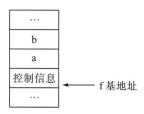

图 6.2   目标程序结构

在程序运行之前，该程序数据段的基地址信息未知，因此在符号表中只存储偏移量。当程序运行时，就会分配一个真正的数据空间，当然也就知道它的基地址，所有变量的地址就是基地址加它们的偏移量，如图 6.3 所示。

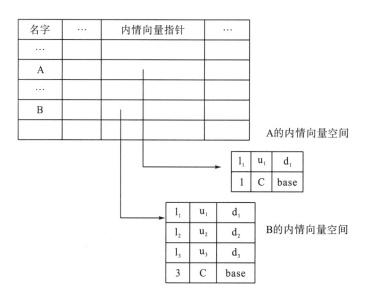

图 6.3   数组的内情向量组织

4. 符号的其他属性

下面的两种信息同样是符号的重要信息。

1) 数组的内情向量

在程序设计语言中，数组是一种重要和常用的数据类型。在处理数组时，数组的维度、每一维的上下界、数组的基地址是确定存储分配空间的大小和数组元素位置的依据，它们对于访问数组的成员是必不可少的信息，通常将这些信息称为数组的内情向量。

每一个数组的维数及其上下界都不同，因此为了提高符号表的空间利用率，通常将这些数组的内情向量存储在另外的地方，在符号表中增加一个指针型表域。对于数组变量，该域的值为指向内情向量的指针。例如下面的两个数组：

A：array[l1..u1] of integer

B：array[l1..u1，l2..u2，l3..u3] of integer

A 是一个 1 维数组，而 B 是一个 3 维数组，它们的组织如图 6.4 所示。

符号	…	形参域	…
f1			
p1			
p2		空	
f2		空	

图 6.4　函数形参组织

关于内情向量的更多讨论将在第 7 章进行。

2) 函数及过程的形参

函数和过程的参数被当作该函数和过程的局部变量处理，同时它们又是函数和过程对外的接口。每个函数和过程的形参个数、顺序、类型体现调用函数和过程的属性，它们应该反映在符号表中该函数和过程的表项中。有关函数和过程的形参属性将用作调用函数和过程的匹配处理与语义检查。

像函数的参数，个数是可变且相互之间有关系的符号，可以在符号表中增加一个域来存储函数的下一个参数的位置，即使用指针或指针链来构造参数之间的关系。例如下面的两个函数：

f1（p1，p2）

f2（　　）

可以用图 6.4 所示的符号表来存储函数以及参数的相关信息。其中，形参域为空表示形参链结束。例如，f2 的形参域为空表示 f2 没有形参。

一个记录型的变量由若干成员组成。因此，记录结构型变量在存储分配时所占的空间大小要由全体成员来决定，另外对于记录结构型变量还需要有它的成员顺序的属性信息，该信息决定成员的位置。

　　C 语言中的结构变量中的结构名与成员之间的关系类似于函数及其形参之间的关系。因此，可以采用同样的策略处理结构体的成员问题。在符号表中增加成员域来存储结构体的下一个成员位置。例如下面的结构体。

```
struct st1 { int member1;
             struct st2 { int member2;
                          int member 3;
                        } member4;
             int member 5;
           } sa;
```

可以用图 6.5 所示的符号表来存储结构体变量及其成员的相关信息。

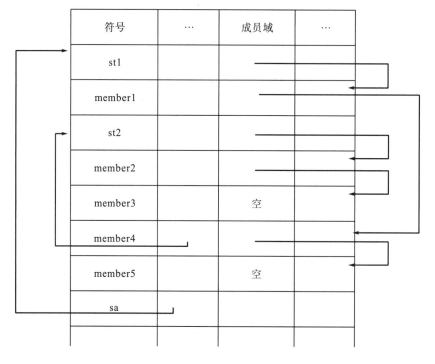

图 6.5　结构成员组织

6.4　符号表的组织

　　符号表的组织直接关系到语义功能的实现和语义处理的时空效率，关于符号表的组织可从符号表的总体组织和表项属性信息组织来分别讨论。

1. 符号表的总体组织

从程序角度，有三种方法存储所有的符号。

全局符号表将所有的符号存储在一个表中。这种组织的方法管理集中且简单，且不同符号的共同属性可以得到一致的管理。这种方法的缺点也是显而易见的，因为不同类型符号的属性可能不完全相同，所有的符号存储在同一个表中将不得不把这些不同属性都增加到符号表的属性描述中。因此，这种全局符号表将造成极大的空间浪费。

针对全局符号表的缺点，可以将符号表按照某个标准(如类型)划分成若干子集。每个子集分别建立局部符号表进行存储和管理。这种组织方法的优点是每个符号表的属性个数相同或相近，因此空间利用率较高；缺点就是需要管理若干符号表，增加了管理开销。

假设根据程序设计语言的语义，建立的全局符号表如图 6.6 所示。如果按照某个分类标准(如类型)对符号分类并分别进行存储，则可以得到如图 6.7 所示的 3 类符号表。

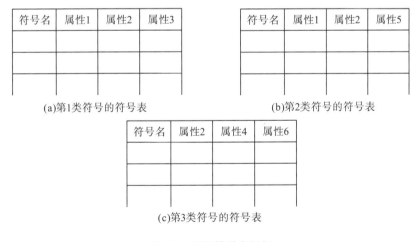

符号名	属性1	属性2	属性3	属性4	属性5	属性6

图 6.6 　全局符号表组织

符号名	属性1	属性2	属性3

(a)第1类符号的符号表

符号名	属性1	属性2	属性5

(b)第2类符号的符号表

符号名	属性2	属性4	属性6

(c)第3类符号的符号表

图 6.7 　局部符号表组织

一般来说，全局符号表的方式过于集中，而局部符号表可较大程度上克服这个问题。当然，如果局部符号表的个数太多也会增加管理成本，因此在选择分类标准时，大多数编译程序采取的是一种较为中庸的标准，即根据经验和要求在管理复杂度和空间开销上权衡并设计最佳的方案。例如，图 6.7 中的第 1、2 类符号的符号表可以重新组织成图 6.8(a)

所示的符号表, 以降低管理成本。如果属性 3 仅仅和类别 1 相关, 而属性 5 仅仅和类别 2 的符号相关, 则可以用同一个域来表示这两个属性, 如图 6.8(b) 所示。当然, 这样会增加管理的成本, 但是提高了空间利用率。

(a)第1、2类符号的符号表　　　　　　　　(b)复合属性符号组织

图 6.8　折中符号表组织

2. 符号表的表项属性信息组织

在编译程序的整个工作中, 符号表被频繁地用来建立表项、找查表项、填充和引用表项的属性, 因此表项的排列组织对该系统运行的效率起着十分重要的作用。传统上采用三种构造方法。

1) 线性组织

表项按它的符号被扫描到的先后顺序建立, 线性组织管理简单但运行效率低, 适用于事先能确定符号个数且符号个数不大的情况。符号表表项线性排列如图 6.9 所示。在图 6.9(a) 中, 从左至右对程序中出现的符号进行扫描, 所构建出的线性表如图 6.9(b) 所示。

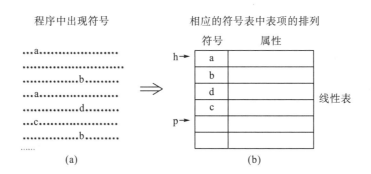

图 6.9　符号表表项线性排列

2) 排序组织及二分法

关于表项的建立和查找通常采用二分法。排序表的运行效率比线性表高, 算法复杂性也高于线性表。具体如图 6.10 所示。可以看出, 排序表是根据符号本身的顺序进行排列的, 因此在建立和查找时可以根据顺序快速定位, 运行效率高于线性表。

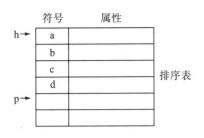

图 6.10　符号表表项排序表

3）散列组织

表项位置是由对表项的符号值（即字符代码串）进行某种函数操作（通常称为"杂凑"）所得到的函数值来确定的，这种函数通常称为杂凑函数。

符号表的散列组织具有较高的运行效率，因而绝大多数编译程序中的符号表采用散列组织。

引入散列表不仅可以提高查询操作效率，而且可以提高插入操作的效率，所以在许多实际的编译器中，其符号表采用散列技术。

一个符号在散列表中的位置是由该符号进行某种函数操作所得到的函数值来确定的。函数值与符号表的表项位置之间的对应关系一般是通过函数值的"求整"以及对表长的"求余"得到的。假设散列函数 f 对符号值运算之后得到函数值 V（整数），可表示为

$$V=f(符号值)$$

通常符号表的长度不是任意长，因此对可能是任意整数的 V 不一定可以对应到符号表的某一个位置，如果符号表长度为 n，就将 V 对 n 求余。这样可以保证得到的整数一定是在符号表范围之内，即

$$l=mod(V, n)$$

然而，求余会使得原本完全不相同的两个整数有相同的函数值，即不同的两个符号将会被映射到符号表中的同一个位置，即冲突。在散列技术中，构造散列函数是关键，它将在很大程度上影响散列效果，即冲突的概率。

3. 关键字域的组织

在编译程序中，符号表的关键字域就是符号本身也称名字域。

1）等长关键字段

可设置关键字段为标识符的最大长度。由于程序中的标识符不会总是使用很长的拼写字，关键字段的这种组织方式在实际使用中会有很多空间是冗余的。

2）关键字池的索引结构

符号表中关键字段是指针，指向该关键字在池中的位置。
一组标识符的内容和关键字段的组织结构如图 6.11 所示。

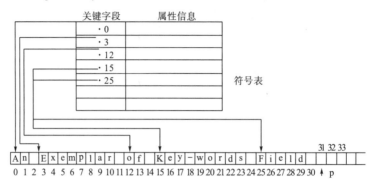

An Exemplar of Key-words Field

图 6.11　标识符及其关键字段的组织结构

4. 其他域的组织

符号表属性域的组织，根据属性性质大致分成两类：一类是符号表中符号的该属性值具有相同的类型且是等长的，则该属性域的类型结构就可用这个长度及类型来定义；另一类属性值可能具有相同类型但长度不同，则该属性域不能用简单的数据类型来定义。

1) 等长属性值域的组织

用于表中符号的该属性值具有相同的类型且是等长的。

(1) 位向量表示。

如表示符号的数据类型可以用 3 个 bit 位表示。

data	3 个 bit 位		
char	0	0	0
short	0	0	1
int	0	1	0
long	0	1	1
unsigned	1	0	0
float	1	0	1

(2) 数值表示。

如表示符号的数据类型也可以用一个整型量来表示。

data-type	整型值
char	0
short	1
int	2
long	3
unsigned	4
float	5
double	6

(3) 用指针链表示。

有一些是表示符号之间关系的属性，可用指针或指针链来构造这些属性域。

如函数符号与它的形参符号之间就需建立关系。

设有函数　　func1（para1，para2，para3）

　　　　　　func2（　　）

在符号表中用指针链表示如图 6.12 所示。

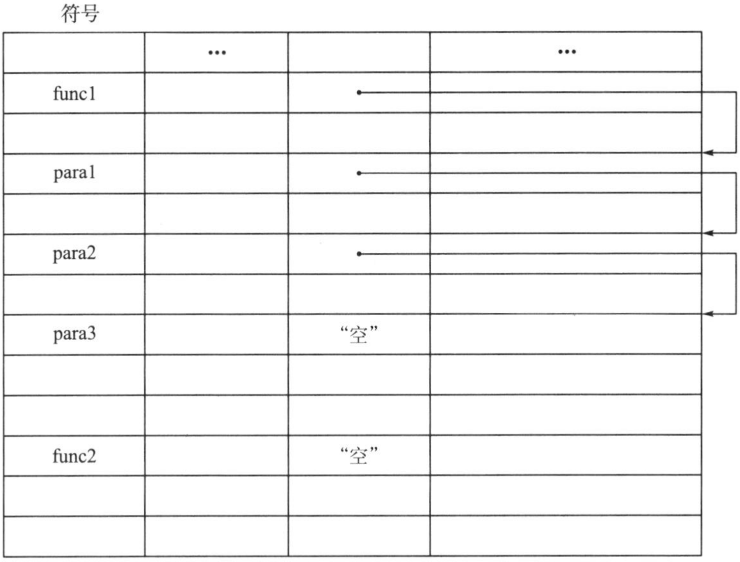

符号

	...		...
func1		•	
para1		•	
para2		•	
para3		"空"	
func2		"空"	

图 6.12　指针链

对于 C 语言的结构量中结构标识与成员之间也有上述函数与形参之间的相似关系。

2) 不等长属性值域组织

符号的某些属性值是不等长的，如数组内情向量属性值是典型的不等长属性值。对于不等长的属性值的属性域，一般不把所有属性值都存放在符号表项的某个域内，而另设相关空间存放属性值。

一个数组的内情向量属性可分成两种值，数组维数的个数及每一个维的元素个数。

设有下列两个数组：

array1（subscrip1，subscrip2）

是一个二维数组，它的下标分别是 subscrip1 及 subscrip2。

array2（subscrip3，subscrip4，subscrip5，subscrip6）

是一个四维数组，它的下标分别是 subscrip3 到 subscrip6 共 4 个。

下标表示所在维的元素个数。

数组符号在符号表项中可以设立一个指向内情向量空间的指针，而在内情向量空间记录关于该数组的维数个数和每一维的元素个数，array1 及 array2 两个数组在符号表中内情向量的组织如图 6.13 所示。

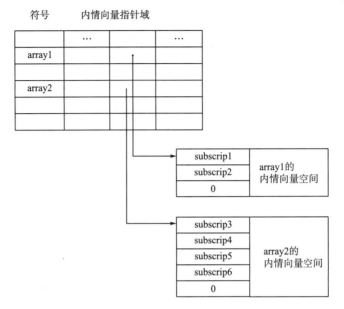

图 6.13   数组内情向量属性表达

5. 下推链表组织

在程序语言的结构中，分程序的分层结构中允许定义同名标识符，则在每进入一个内层结构并发生重名标识符定义时，将此重名标识符链到链首，即原同名链下推。

例 6.1   设有一个程序(C 语言程序)如图 6.14 所示。

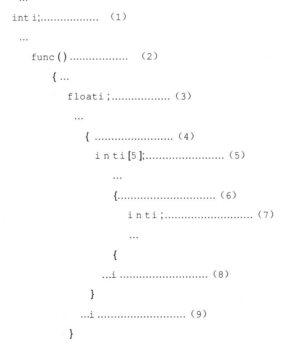

```
        ...
    int i;................    (1)
     ...
      func()................    (2)
         {...
          floati;................(3)
           ...
           {........................(4)
            i n t i[5];......................(5)
              ...
              {...........................(6)
                i n t i;..........................(7)
                 ...
                 {
                 ...i .........................(8)
                 }
               ...i ...........................(9)
           }
```

图 6.14   复合语句多层嵌套示例

当扫描进入最内层分程序块时，下推链状况如图 6.15 所示。

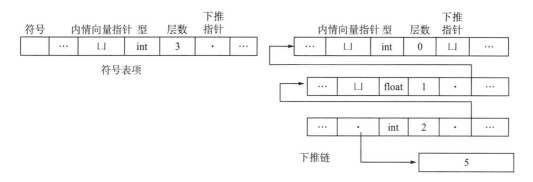

图 6.15 符号表项下推链结构

对分程序结构的语言，为其符号表建立重名动态下推链的目的是什么?概述编译过程中重名动态下推链的工作原理。

重名动态下推链的目的是：保证在合法重名定义情况下，提供完整确切的符号表项，从而保证引用变量的上下文合法性检查和非法重名定义检查。

其工作原理是：当发生合法重名定义时，将上层重名表项下推到链中，而在符号表中原重名表项处登录当前重名定义的符号属性；在退出本层时，将最近一次下推的表项，回推登录到符号表中原重名表项处。

6.5 符号表的管理

符号表的本质就是对符号进行相关的操作，如添加、删除、修改和查询。符号表处理的基本思想是遇到定义性符号时，在符号表中填写被定义符号的符号项；当遇到使用性符号时，用该符号名查符号表求得其属性。符号表的管理包括符号表的初始化、符号的登录、符号的查找和有关分程序结构符号表层次管理。

1. 符号表的初始化

不同的符号表的结构和组织方法决定符号表的初始化方法。一般来说，在线性组织方式的符号表中，表长是随着符号的插入不断增长的。因此，初始化表长为 0。而采用散列技术组织的符号表，表长是固定的。在散列表中，表长不是表示登记的符号数，因此初始化需要清除符号表的所有表项。应该说明，表长确定的说法是相对的。在某些编译器中，也采用可扩展表长的散列表。

2. 符号的登记

当编译程序从程序设计语言中获得一个标识符并确定该符号在符号表中尚不存在的时候，就需要将此符号登记到符号表中。

　　登记符号到符号表，首先需要确定插入的位置。对于无序的线性表实现方式，只要在表尾新增一个表项，并用来登记新符号。对于有序的线性表实现方式，在创建了新的表项之后，首先查找登记的位置，并将该位置后的每一个符号都移动到下一个表项中，然后在选定的位置登记新符号。对于散列表实现的符号表，新符号的登记位置根据散列函数计算得到。

　　一个符号登记的最基本信息就是它的名字以及它的属性。符号的属性除了和它的类型相关，大多还和编译程序获得该符号时编译所处的扫描点相关。例如，C 语言中的"goto L"中标号 L 的"地址"只有等到"L："出现才能确定。

3. 符号的查找

　　查找符号表的目的是建立或者确定该符号的语义属性。对于查到的符号而言，可以获得该符号已经登记的语义属性，并依据这些属性进行语义检查，有时也会同时登记新的属性。对于没有查找到的符号，则进行符号及其属性的登记或者报错。

　　符号表的查找算法和符号表的组织方式密切相关，无序表进行顺序查找，有序表进行快速查找，散列表通过散列函数查找。

习 题

6.1 什么是符号表？符号表的作用是什么？

6.2 编译程序采用什么方法来区别标识符的作用域？

6.3 在目标代码阶段，符号表的作用是什么？

6.4 对如下的 PASCAL 程序请给出程序在处理到 here 时的线性全局符号表。

```
const a=25;
var x, y;
procedure  p;
    var  z;
    begin
        ……
    end;
procedure  r;
    var x, s;
    procedure t;
        var  v;
        begin
            ……//here
        end;
      begin
        ……
      end;
begin
    ……
end.
```

6.5 给出编译到下面程序 here 处的栈式全局符号表。

```
int x, y;
char c;
int fun(int ind)
{ int x;
x=ind+1;
}
main()
{ char y;
x=2;            //here
y=5;
printf("%d", fun(x/y));
```

第3篇

实现（Implement）

第7章　语法制导翻译与中间代码生成

7.1　语法制导翻译

将静态语义和中间代码生成结合在语法分析中同步进行的技术称为语法制导翻译技术。语法制导翻译的主要思想是：在进行语法分析的同时完成相应的语义处理。也就是说，一旦语法分析器识别出一个语法结构就要立即对其进行翻译。翻译就是处理语言的语义，并通过调用事先为该语法结构编写的语义子程序来实现。

中间代码生成阶段，对于说明语句，通常会将其中定义的名字及其属性信息登记到符号表中；对于执行语句，则会生成语义上等价的中间语言代码。

7.1.1　属性文法

现在很多编译程序采用语法制导翻译方法，这种方法使用属性文法的工具来说明程序设计语言的语义。属性文法包含一个上下文无关文法和一系列的语义规则，这些语义规则附在文法的每个产生式上。一个文法符号的语义性质称为文法符号的语义属性，简称属性，X 的属性 a 用 $X.a$ 表示。计算语法结构语义（属性值）的规则称为语义规则或者属性规则。

例 7.1　下面是一个常量表达式求值的属性文法。

$S \rightarrow E$　　{ PRINT(E.val) }

$E \rightarrow E_1 + T$　{ E.val:=E_1.val + T.val }

$E \rightarrow T$　{ E.val:=T.val }

$T \rightarrow T_1 * F$　{ T.val:=T_1.val × F.val }

$T \rightarrow F$　{ T.val:=F.val }

$F \rightarrow (E)$　{ F.val:=E.val }

$F \rightarrow d$　{ F.val:=d.lexval }

7.1.2　语法翻译概述

在语法分析过程中，随着分析的步步进展，根据每个产生式对应的语义子程序（或语义规则描述的语义动作）进行翻译的办法称作语法制导翻译。

假定有一个 LR 语法分析器，现在把它的分析栈扩充，使得每个文法符号都跟有语义值，栈的结构如图 7.1 所示。

S_m	y.Val	y
S_{m-1}	x.Val	x
⋮	⋮	⋮
S_0	—	#
状态栈	语义值	符号栈

图 7.1 扩充的分析栈

同时把 LR 分析器能力扩大，使它不仅执行语法分析任务，而且能在用某个产生式进行归约的同时调用相应的语义子程序，完成有关的语义动作。每步工作后的语义值保存在扩充的分析栈里的"语义值"栏中。

例 7.2 简单算术表达式求值的语义描述。

产生式	语义规则
(0)L→E	PRINT（E.val）
(1)E→E1+T	E.val:=E_1.val+T.val
(2)E→T	E.val:=T.val
(3)T→T1*F	T.val:=T_1.val×F.val
(4)T→F	T.val:=F.val
(5)F→(E)	F.val:=E.val
(6)F→digit	F.val=digit.lexval

采用的 LR 分析表如表 7.1 所示。

表 7.1 LR 分析表

状态	ACTION（动作）						GOTO（转换）		
	d	+	*	(	)	#	E	T	F
0	s5			s4			1	2	3
1		s6				acc			
2		r2	s7		r2	r2			
3		r4	r4		r4	r4			
4	s5			s4			8	2	3
5		r6	r6		r6	r6			
6	s5			s4				9	3
7	s5			s4					10
8		s6			r1				
9		r1	s7		r1	r1			
10		r3	r3		r3	r3			
11		r5	r5		r5	r5			

注：s 为移进；r 为归约；使用 d 代替 digit。

使用表 7.1 的分析表对 2+3*5 进行分析和计值过程如表 7.2 所示。

表 7.2 2+3*5 的 LR 分析表

步骤	动作	状态栈	语义栈(值栈)	符号栈	留余输入串
1)		0	—	#	2+3*5#
2)	s5	05	—	#2	+3*5#
3)	r6	03	—2	#F	+3*5#
4)	r4	02	—2	#T	+3*5#
5)	r2	01	—2	#E	+3*5#
6)	s6	016	—2—	#E+	3*5#
7)	s5	0165	—2— —	#E+3	*5#
8)	r6	0163	—2—3	#E+F	*5#
9)	r4	0169	—2—3	#E+T	*5#
10)	s7	01697	—2—3—	#E+T*	5#
11)	s5	016975	—2—3— —	#E+T*	5#
12)	r6	01697(10)	—2—3—5	#E+T*F	#
13)	r3	0169	—2—(15)	#E+T	#
14)	r1	01	—(17)	#E	#
15)	接受				

7.2 中间代码表示

中间代码是源程序的一种内部表示形式,引入的目的是:①建立源语言和目标语言之间的桥梁,避开二者之间较大的语义跨度,使编译程序的逻辑结构更加简单明确;②利于编译程序的重定向;③利于进行与目标机无关的优化。

编译程序中所使用的中间代码有多种形式,常见的有逆波兰式、三地址代码、四元式表示和其他表示。

7.2.1 逆波兰式

在通常的表达式中,二元运算符总是位于两个运算对象中间,因此这种表达式又称为中缀式。逆波兰式是波兰数学家武卡谢维奇(J.Lukasiewicz)于 1929 年提出的一种表达方式,因为它的运算符号置于运算对象之后,也称后缀式。这种表达式的优点是,表达式的运算顺序就是运算符号出现的顺序,它不需要用括号来改变优先级别,因此也称无括号式。表 7.3 给出的是一些表达式的中缀和对应的后缀表示。

表 7.3   一些表达式的中缀和对应的后缀表示

中缀式	后缀式
A+B	AB+
A+B*C	ABC*+
(A+B)*C	AB+C*
(A+B)*(C+D)	AB+CD+*
A+B*(C-D)+E/(C-D)^N	ABCD-*+ECD-N^/+

由于后缀式中的运算符是按照计算的顺序出现的，因此可以很容易地实现对它的计算。利用栈，自左向右扫描表达式的符号，每当遇到二元（或一元）运算对象就进栈，当遇到运算符号就将栈顶的两个（或者一个）运算对象出栈，计算之后结果再进栈，接着扫描剩余的符号。重复上述过程直到表达式结束。表达式的计算结果将保留在栈顶。

7.2.2   三地址代码

三地址代码就是代码中最多包含 3 个地址，即两个操作数和一个运算结果。也就是说在一条三地址代码中最多允许出现一个运算符。

例如，A:=(B+C)*(B+D) 三地址代码可以表示为

(1) (+   B   C   T1)

(2) (+   B   D   T2)

(3) (*   T1   T2   T3)

(4) (:=T3   A)

有时为了直观，也把上述形式改写为简单的赋值形式，例如上述的四元式可以表示为

T1:=B+C

T2:=B+D

T3:=T1*T2

A:=T3

由于三地址代码简单直观，因此本书的后续章节将使用三地址代码作为中间代码的表示形式。下面给出本书所使用的一些三地址代码指令。

赋值语句 x:=y op z。其中 op 代表二元算术或者逻辑运算符，x、y、z 是运算对象的地址。

赋值语句 x:=op y 其中 op 代表一元运算符。基本的一元运算符包括一元减、逻辑非、移位运算和转换运算符（如将定点数转换为浮点数）。

复写语句 x:=y，即将 y 的值赋值给 x。

无条件跳转语句 goto L，即接下来将执行标号为 L 的语句。

条件跳转语句 if x rop y goto L，这条指令将对 x 和 y 进行关系运算（如<，≤，≠，>等），如果满足 x rop y 则执行标号为 L 的语句，否则执行 if x rop y goto L 后面的语句。

过程调用和返回通过下面的语句实现：

序列 param x_1…param x_n 用来指明参数；

call p，n 和 y=call p，n 用来表示过程调用和函数调用；

return y 表示过程调用返回，其中 y 存放返回值，是可选；

对过程 p(x_1, x_2, …, x_n) 的调用将生成如下的三地址代码：

param x_1

param x_2

…

param x_n

call p，n

整数 n 表示调用过程 p 的实际参数个数。因为调用可能是嵌套的，最前面的某个 param 语句可能是 p 返回之后的另一个调用的参数，p 返回的值就是后面那个调用的另一个参数，此时必须指明实际参数的个数，否则会引起混淆，所以 n 不是多余的。

下标赋值语句 x:=y[i] 和 x[i]:=y，前者表示将地址 y 起第 i 个存储单元的值赋给 x，后者将 y 的值赋给 x 起第 i 个存储单元。

地址和指针赋值语句 x:=&y，x:=*y 和*x:=y。指令 x:=&y 是将 y 的地址放到 x 中，典型的情况就是 x 是指针。指令 x:=*y 是将 y 存储的值（地址）所指向的单元中存储的值放到 x 中，典型的情况就是 y 是指针，x 是普通变量。指令*x:=y 将 y 的值放到 x 存储的值（地址）所指向的单元，典型的情况就是 x 是指针，y 是普通变量。

7.2.3　四元式表示

四元式是一种比较常用的中间代码形式。四元式的 4 个组成部分是：运算符 op，第一个运算量 ARG_1，第二个运算量 ARG_2 和运算结果 RESULT，其表示形式为(op；ARG_1，ARG_2，RESULT)。运算量和运算结果可以是用户程序定义的变量（运算量可包括常量），也可以是编译程序引进的临时变量（用 $t_1, t_2, …, t_n$ 表示）。例如，d:=-(a+b)*(a+b+c) 的四元式序列表示如下：

(1)(+，a，b，t_1)　其中 t_i 为临时变量，i=1，2，…

(2)(uminus，t_1，-，t_2)

(3)(+，a，b，t_3)

(4)(+，t_3，c，t_4)

(5)(*，t_2，t_4，t_5)

(6)(i=，t_5，-，d)

有时为了更直观、更容易理解，也把四元式表示写成简单赋值形式。例如，可把上述四元式序列写成：

t_1:=a+b

t_2:=-t_1

t_3:=a+b

t_4:=t_3+c

       $t_5:=t_2+t_4$

       $d:=t_5$

四元式表示比较有利于代码优化。如何用四元式表示各种语句，以及翻译各种语句的语义描述，将在后面各节逐步讨论。

7.2.4　其他表示

除了上述的表示之外，常见的中间代码形式还有树形表示，它可以直观地表示计算的优先关系。其中内部结点表示运算符，叶子结点表示运算对象。考虑到计算的过程中可能出现公共的子计算，因此可以用有向无圈图（directed acyclic graph，DAG）表示。DAG 表示类似于树形表示，仅仅是在 DAG 表示中公共子表达式不重复出现。

例如，算术表达式 A+B*(C-D)+E/(C-D)*N 的树形表示和 DAG 表示分别如图 7.2 所示。在这个运算中(C-D)出现两次，在树形表示中，将忠实地表示出这一特征，而在 DAG 表示中，将合并这两棵子树，基于该子树计算的内部结点*和^就拥有共同的子结点。

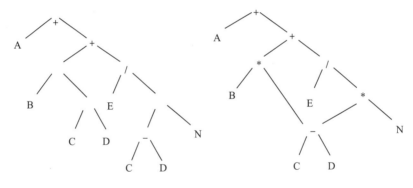

图 7.2　图形表示的中间代码

7.3　简单赋值语句的翻译

赋值语句是将赋值号右边表达式的值保存到左边的变量中，翻译的主要工作是表达式的翻译。赋值语句的典型文法如下：

       S→V:=E

       V→id [Elist]|id

       Elist→list，E|E

       $E→E_1+E_2|E_1*E_2|-E_1|(E_1)|V$

本书仅考虑简单的赋值语句的翻译，即不包含数组的寻址和引用。首先引进一些语义变量和语义过程。

（1）id.name：语义变量，表示变量即标识符字符串。

（2）E.place：语义变量，表示存放 E 值的变量名在符号表中的入口位置或一整数码（临时变量)。

(3) Lookup(id.name)：语义过程(函数)，对 id.name 查符号表，若找到，则返回其在符号表中的位置，否则返回 nil，体现先定义后使用的原则。

(4) GEN(op，ARG_1，ARG_2，RESULT)：语义过程(函数)，生成四元式，填进四元式表。

(5) newtemp：语义过程，生成一临时变量 T_i。

下面列出描述赋值语句的文法及翻译到四元式的语义描述：

$S \rightarrow V:=E$　　{gen (V.place ':=' E.place) else error}

$E \rightarrow E_1 + E_2$　{ E.place:=newtemp；gen (E.place ':=' E_1.place '+' E_2.place)}

$E \rightarrow E_1 * E_2$　{ E.place:=newtemp；gen (E.place ':=' E_1.place '*' E_2.place)}

$E \rightarrow - E_1$　{ E.place:=newtemp；gen (E.place ':=' 'uminus' E_1.palce)}

$E \rightarrow (E_1)$　　{ E.place:=E_1.place；}

$E \rightarrow V$　　{ E.place:=V.place；}

$V \rightarrow id$　　{ p:=lookup (id.name)；if (p≠nil)　then V.place:=p else error；}

按照上面的翻译模式，X:=A+B*(C-D)+E 将生成四元式序列：

T1:=C-D

T2:=B*T1

T3:=A+T2

T4:=T3+E

X:=T4

7.4　布尔表达式的翻译

布尔表达式是由布尔运算对象和布尔运算符按照一定的规则组成的表达式。布尔运算符一般包括 not、and 和 or 三种。布尔运算对象可以是关系表达式。关系表达式一般形式为 E rop E，其中的 E 是算术表达式。本节着重讨论如下定义的布尔表达式的翻译。

$E \rightarrow E_1$ or $E_2 | E_1$ and $E_2 |$ not $E_1 | (E_1) | id_1$ rop $id_2 |$ true|false

在布尔表达式中，约定运算是左结合，且优先级别按照 not、and、or 的顺序降低。一般习惯用 1 表示真(true)，用 0 表示假(false)。

(1) 布尔表达式的运算符及运算规则。

逻辑与(乘)：and

运算规则：有假为假(0 乘任何数仍为 0)。

逻辑或(加)：or

运算规则：有真为真(1 加任何数仍为 1)。

逻辑非(反)：not

运算规则：真为假，假为真。

(2) 布尔表达式的计算。

方法一：按顺序计算。

1 or (not 0 and 0) or 0

=1 or (1 and 0) or 0

=1 or 0 or 0

=1 or 0

=1

方法二：采取优化措施计算。

1 or (not 0 and 0) or 0

=1 or 0

=1

(3) 布尔表达式的翻译方法。

布尔表达式的翻译是指转换成最终能计算出该表达式的结果为真或假(1 或 0)的四元式序列的过程。

例如，a or b and not c 的四元式序列为

t_1:=not c

t_2:=b and t_1

t_3:=a or t_2

(4) "回填" 技术。

控制语句中布尔表达式翻译成四元式序列时，有的转移地址不能在产生这些四元式的同时得知，需要在适当的时候回填这个地址。

(5) "拉链" 技术。

为了记录需要回填地址的四元式，常采用 "拉链" 技术。把需回填 E.true 的四元式拉成一条链，称为 "真" 链；把需回填 E.false 的四元式拉成一条链，称为 "假" 链。

下面以实际例子来说明布尔表达式翻译的过程。首先定义布尔表达式的产生式的相应语义动作为

① E→i

    {E.TC:=NXQ；E.FC:=NXQ+1；

    GEN(:=, ENTRY(i), ─, 0);

    GEN(j, ─, ─, 0)}

② E→$i^{(1)}$ rop $i^{(2)}$

    { E.TC:=NXQ；E.FC:=NXQ+1；

    GEN(jrop, ENTRY($i^{(1)}$), ENTRY($i^{(2)}$), 0);

    GEN(j, ─, ─, 0)}

③ E→$(E^{(1)})$

    { E.TC:=$E^{(1)}$.TC；E.FC:=$E^{(1)}$.FC}

④ E→¬$E^{(1)}$

    { E.TC:=$E^{(1)}$.FC；E.FC:=$E^{(1)}$.TC}

⑤ $E^{\wedge}$→$E^{(1)}$∧

    {BACKPATCH($E^{(1)}$.TC, NXQ)；$E^{\wedge}$.FC:=$E^{(1)}$.FC}

⑥E→E^E$^{(2)}$

　　{ E.TC:=E$^{(2)}$.TC; E.FC:=MERGE(E^.FC, E$^{(2)}$.FC)}

⑦E$^\vee$→E$^{(1)}$∨

　　{BACKPATCH(E$^{(1)}$.FC, NXQ); E$^\vee$.TC:=E$^{(1)}$.TC}

⑧E→E$^\vee$E$^{(2)}$

　　{ E.FC:=E$^{(2)}$.FC; E.TC:=MERGE(E$^\vee$.TC, E$^{(2)}$.TC)}

⑨S→E

　　{T:=NEWTEMP;

　　BACKPATCH(E.TC, NXQ); BACKPATCH(E.FC, NXQ+2);

　　GEN(:=, '1', 一, T); N:=NXQ+2;

　　GEN(j, 一, 一, N)

　　GEN(:=, '0', 一, T); S.PLACE:=T}

布尔表达式 A∨(¬B∧C)翻译成四元式序列为

　　100　(jnz, A, 一, 105)//jnz 表示若 X 非 0 则跳转，即 A=1 跳转到 105

　　101　(j, 一, 一, 102)// A=0，跳转到 102

　　102　(jnz, B, 一, 107)// 即 B=1 跳转到 107

　　103　(jnz, C, 一, 105)// 即 B=0，C=1 跳转到 105

　　104　(j, 一, 一, 107)

　　105　(:=, '1', 一, T)

　　106　(j, 一, 一, 108)

　　107　(:=, '0', 一, T)

　　108

7.5　控制语句的翻译

在程序设计理论中，程序仅由顺序、分支和循环三种结构组合而成。本节以循环中最常见的 for 循环语句的翻译为例，对控制语句翻译的基本原理进行阐述。

首先，定义 For 语句产生式的相应语义动作为

F1→for i:=E1

　　　　{GEN(:=, E1.PLACE, 一, ENTRY(i)); //生成四元式，E1.PLACE
　　　　　　　　　　　　　　　　　　　　　表示 E1 值的变量名在符
　　　　　　　　　　　　　　　　　　　　　号表中的入口位置或一
　　　　　　　　　　　　　　　　　　　　　整数码(临时变量)，
　　　　　　　　　　　　　　　　　　　　　ENTRY(i)表示 i 的入
　　　　　　　　　　　　　　　　　　　　　口地址

　　　　F1.PLACE:=ENTRY(i);

　　　　F1.CHAIN:=NXQ; // 四元式开始序号

```
            GEN(j, —, —, 0);
            F1.QUAD:=NXQ                                    }// QUAD 指向下一条将要产
                                                                生但尚未形成的四元式

F2→F1  step  E2
        {F2.QUAD:=F1.QUAD；
        F2.PLACE:=F1.PLACE；
        GEN(+, F1.PLACE, E2.PLACE, F1.PLACE);
        BACKPATCH:=(F1.CHAIN, NXQ)              }
F3→F2  until  E3
        {F3.QUAD:=F2.QUAD；
        q: =NXQ；
        GEN(j <=, F2.PALCE, E3.PLACE, q+2);
        F3.CHAIN:=NXQ；
        GEN(j, —, —, 0)                         }
S→F3  do  S1
        {GEN(j, —, —, F3.QUAD);
        BACKPATCH(S1.CHAIN, F3.QUAD);
        S.CHAIN:=F3.CHAIN                       }
```

循环语句 for I:=1 step 2 until 100 do M:=2011+I*2 翻译成四元式序列为

```
100(:=, "1", —, I)
101(j, —, —, 103)
102(+, I, "2", I)
103(j<=, I, "100", 105)
104(j, —, —, 109)
105(*, I, "2", T1)
106(+, "2011", T1, T2)
107(:=, T2, —, M)
108(j, —, —, 102)
109
```

习　题

7.1　对于以下的属性文法：

$Z{\to}sX$　{Z.a:=X.c；X.b:=X.a；Z.p:=X.b}

$Z{\to}tX$　{ X.b:=X.d；Z.a:=X.b}

$X{\to}u$　{X.d:=1；X.c:=X.d}

$X{\to}V$　{X.c:=2；X.d:=X.c}

判断上述文法中的属性哪些是综合，哪些是继承。

上述文法中的属性依赖是否有循环？

7.2　对于输入的表达式(4*7+1)*2，根据下面的语法制导定义建立一棵带注释的分析树。val 表示非终结符的整数值，综合属性，lexval 是单词 digit 的属性。

$L{\to}E$　　　　　　　　PRINT(E.val)

$E{\to}E1+T$　　　　　　E.val:=E1.val+T.val

$E{\to}T$　　　　　　　　E.val:=T.val

$T{\to}T1*F$　　　　　　T.val:=T1.val*F.val

$T{\to}F$　　　　　　　　T.val:=F.val

$F{\to}(E)$　　　　　　　F.val:=E.val

$F{\to}digit$　　　　　　F.val:=digit.lexval

7.3　下面的文法 G[S]描述由布尔常量 false、true，联结词∧(合取)、∨(析取)、¬(否定)构成的不含括号的二值布尔表达式的集合：

$S{\to}S \vee T$　|　T

$T{\to}T \wedge F$　|　F

$F{\to}\neg F$　|　false　|　true

试为该文法配上属性计算的语义动作子程序(即设计一个属性文法，或者说一个语法制导定义)，它可以计算出每个二值布尔表达式的取值。如对于句子¬ true ∨ ¬ false ∧ true，输出是 true；给出¬ true ∨ ¬ false ∧ true　 的属性依赖图。

7.4　有文法 G[S]如下：

$S{\to}$ (L)|a

$L{\to}L,S|S$

(1)试写出一个语法制导定义，它输出配对括号个数。

(2)写一个翻译方案，打印每个 a 的嵌套深度。如((a)，a)，打印 2，1。

7.5　若说明整型、实型变量的文法如 G[D]，按照语法制导翻译的方法写出每个产生式的语义动作：将每个变量名及其类型信息填入符号表，并计算说明语句共说明了多少个变量。

$D{\to}integer\ id$

$D{\to}real\ id$

$D{\to}D_1，id$

7.6　下面文法产生的表达式是对整型和实型常数应用算符+形成的。若要求当两个整数相加时，结果为整数，否则为实数。给出语法制导定义确定每个子表达式的类型。

E→E+T|T

T→num.num|num

7.7　已知属性文法 G[S]，该属性文法实现简单的算术求值，请给出对该文法进行语法和语义分析的递归下降分析程序。

$S \rightarrow E$　　　{ PRINT(E.val) }

$E \rightarrow E_1 + T$　　{ E.val:=E_1.val + T.val }

$E \rightarrow T$　　{ E.val:=T.val }

$T \rightarrow T_1 * F$　　{ T.val:=T_1.val × F.val }

$T \rightarrow F$　　{ T.val:=F.val }

$F \rightarrow (E)$　　　{ F.val:=E.val }

$F \rightarrow d$　　{ F.val:=d.lexval }

7.8　请用所介绍的翻译模式将下面的语句翻译成三地址代码，并给出语法制导翻译的过程。

While A<B and C>D do

If E=F then X:=X+1

Else if E>F then Y:=Y+1

7.9　对下面的文法，请给出一个属性文法完成将 id 的类型登记到符号表中，但它只利用综合属性获得类型信息。

D→L，id|L

L→T id

T→int|real

7.10　假设变量的说明是由下列文法生成的：

D→i L

L→，i L|：T

T→integer|real

(1)建立一个语法制导定义，把每一个标识符的类型加在符号表中。

(2)为(1)构造一个预翻译程序。

7.11　下面的属性文法 G[N]可以将一个二进制小数转换为十进制小数，令 N.val 为 G[N]生成的二进制数的值，例如对输入串 101.101，N.val=5.625。

$N \rightarrow S_1$ '·' S_2　　{ N.val:=S_1.val + $2^{-S2.len} \times S_2$.val；}

$S \rightarrow S_1 B$　　{ S.val:=2 × S_1.val + B.val；S.len:=S_1.len + 1 }

$S \rightarrow B$　　{ S.val:=B.val；S.len:=1 }

$B \rightarrow$ '0'　　　{B.val:=0}

$B \rightarrow$ '　　　{B.val:=1}

(1)试消除该属性文法(翻译模式)中的左递归，以便得到一个可以进行自顶向下语义处理(翻译)的翻译模式。

(2)对变换后的翻译模式，构造一个自顶向下的翻译程序。

实践项目四

项目名称：实现语法分析器

项目要求：按照 CDIO 规范，对某个高级语言（如 C 或 JAVA），编写调试一个语法分析程序。

注意：(1)可选择任何一种语法分析方法[递归下降、LL(1)、算符优先、SLR(1)等]；

　　　(2)对所用分析方法，选择一种合适的数据结构；

　　　(3)用合适的结构存放分析出的正确的语法单位并输出；

　　　(4)也可以用 YACC 来实现。

所提交实践报告应包括：

　　　(1)实验目标；

　　　(2)实现方案；

　　　(3)实现步骤；

　　　(4)结构算法；

　　　(5)测试用例；

　　　(6)运行结果；

　　　(7)实践体会。

第8章 目标程序运行时的存储组织

在生成目标代码之前，需要把程序静态的正文和运行时实现这个程序的活动联系起来，并弄清楚将来在代码运行时刻，源代码中的各种变量、常量、用户定义的量是如何存放的，如何去访问它们。

在程序的执行过程中，程序中数据的存取是通过与之对应的存储单元来进行的。在程序设计语言中，程序中使用的存储单元都由标识符来表示。它们对应的内存地址都由编译程序在编译时进行分配，或由其生成的目标程序运行时进行分配。所以，对编译程序来说，存储组织与管理是一个复杂而又十分重要的问题。本章就目标程序运行时的活动和运行环境进行讨论，主要讨论存储组织与管理，包括活动记录的建立与管理、存储器的组织与存储分配策略、非局部名字的访问等。

运行时存储管理的任务是在代码生成前安排目标机资源的使用。目标机资源主要包括存放目标代码和数据(包括系统数据)的内存或者缓存、存放控制信息和数据信息的寄存器，以及操作系统资源。

如何安排目标机资源的使用主要涉及存储分配、过程实现和数据表示几个问题。存储分配主要处理不同作用域变量的存储的组织。过程实现主要处理过程和函数调用、参数传递的实现。数据表示是指源程序中数据对象在内存或寄存器中的表示形式，即如何在目标机中表示每个源语言类型的值。

8.1 存储组织及管理

编译程序为了使它编译后得到的目标程序能够运行，要从操作系统中获得一块存储空间。对这块存储空间应该进行划分以便存放，其中包括生成的目标区、静态数据区、栈区和堆区(堆栈区)，如图 8.1 所示。在进行存储空间分配时，应尽可能多地静态分配数据对象，因为这样可以提高程序运行的效率。目标区：用来存放目标代码。目标代码所需要的空间大小在编译时就可以确定，因此目标程序区属于静态区域。静态数据区：用来存放编译时就能确定存储空间的数据。栈区：用来存放运行时才能确定存储空间的数据。堆区：用来存放运行时用户动态申请存储空间的数据。本章将介绍存储空间的使用管理方法，重点针对栈式动态存储分配的实现进行讨论。

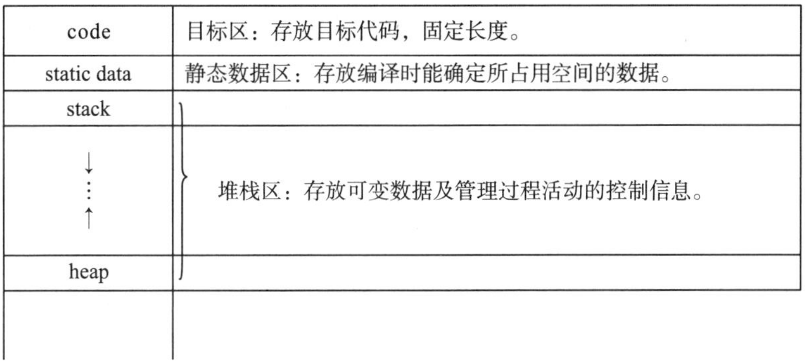

code	目标区：存放目标代码，固定长度。
static data	静态数据区：存放编译时能确定所占用空间的数据。
stack	
↓ ⋮ ↑	堆栈区：存放可变数据及管理过程活动的控制信息。
heap	

图 8.1　运行时内存空间的划分

需要存储的对象可以被分为三类。

(1)持久生命周期的对象。

持久生命周期的对象主要包括程序代码(动态连接的部分除外)以及源程序中的常量以及全局变量和静态变量等。

(2)短暂生命周期的对象。

短暂生命周期的对象可以用栈来为这类变量分配存储空间，包括子程序中说明的非静态的变量以及子程序的形式参数。

(3)生命周期长短由用户决定的对象(动态变量)。

此类主要分配在堆区中。

静态存储区存储生命周期和整个程序执行时间相等的对象。静态存储区的特点是其分配确定后直到程序执行完之前都不会修改。该区可细分为目标代码区、常数区、静态数据区和库代码区。一般而言，程序代码和常量都不能修改，所以目标代码区、常数区和库代码区通常是只读区，静态数据区是可读可写区；分配在静态存储区的每个对象地址在编译的连接装配阶段就可以确定。

动态存储区主要存储生命周期和其所属的函数执行时间相等或由用户决定的对象。动态存储区的特点是在程序执行过程中各对象的存储位置会不断地修改。动态区可以细分为栈区和堆区。栈区用于存储非静态局部变量的值，分配在堆区中的对象分配到存储空间和释放所分到的存储空间的次序是任意的，堆区用于存储动态变量的值。

早期的 FORTRAN 语言在编译时完全可以确定程序所需的所有数据空间，因此，存储空间只有目标程序区和静态数据区。C、PASCAL 这样的语言，在编译时不能完全确定程序所需要的数据空间，因此，需要采用动态存储分配。

8.2　静态存储分配策略

如果在编译时就能确定一个程序在运行时所需存储空间的大小，则在编译时就能够安排好目标程序运行时的全局数据空间，并能确定每个数据项的地址。存储空间的这种分配方法称为静态分配。静态分配中，名字在程序被编译时绑定到存储单元，不需要运行时的任何支持。运行时不会改变绑定，即这种绑定的生存期是程序的整个运行时间，因此一个过程每次被激活时，它的名字都绑定到同样的存储单元。这种性质允许变量的值在过程停止后仍然保持，因而当控制再次进入该过程时，局部变量的值和控制上一次离开时的一样。

对于静态分配来说，每个活动记录的大小是固定的，并且通常用相对于活动记录一端的偏移来表示数据的相对地址。编译器最后必须确定活动记录区域在目标程序中的位置，如相对于目标代码的位置。一旦这一点确定下来，每个活动记录的位置以及活动记录中每个名字的存储位置也就都固定了，所以编译时在目标代码中能填上所要操作的数据对象的地址。同时，过程调用时保存信息的地址在编译时也是已知的。具体如图 8.2 所示。

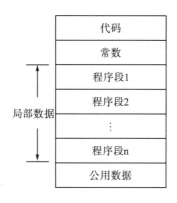 

图 8.2　静态分配

静态分配虽然相对简单，但也给程序语言带来一些限制。它们主要包括：

（1）不允许递归过程，因为一个过程的所有活动使用同一个活动记录，也就是使用同样的局部名字的绑定；

（2）数据对象的长度和它在内存中位置的限制，必须是在编译时可以知道的；

（3）不能动态建立数据结构，因为没有运行时的存储分配机制。

FORTRAN 程序由主程序、子程序和函数组成，并且具有下面的特点：不允许过程的递归；每个数据名所需的存储空间大小都是常量；所有数据的属性都是完全确定的。因此，FORTRAN 可以完全采用静态存储分配来实现其编译器。像 FORTRAN 这样的语言运行时的内存可以按照图 8.2 组织。

其中，每个局部数据区都有相应的编号。在分配地址时，在符号表中对每个数据名登记其所属数据区编号及其在该区中的相应位置。一般来说，用户在一程序段中所定义的局部变量和数组所需的存储空间构成了该段局部区的主要部分。程序段运行时所需的临时工作单元是局部区的另一重要组成部分。

8.3　动态存储分配

在目标代码运行时，动态地为源程序中的数据对象分配存储空间，则称为动态存储分配。

对不能满足静态存储分配的语言，则需用动态存储分配。但并非所有分配工作都放在运行时刻做，在编译阶段就要设计好存储组织形式，并反映在生成的目标代码中。

动态存储方式有两种：栈式和堆式。

栈式存储分配是将整个程序的数据空间设计为一个栈，每当调用一个过程时，它所需空间就分配在栈顶，每当过程工作结束时，就释放这部分空间。如 PASCAL、ALGOL 和 C 语言。

堆式动态存储分配是在存储空间里专门保留一片连续的存储块(称为堆)，在运行程序过程中，对于类似上述情况的语法成分，需要空间时，就由一个运行时刻存储管理程序从堆中分配一块区域给它；不再需要时，又可由此堆管理程序释放该区域，供以后重新分配使用。如 SNOBOL 语言中的可变长串，PL/1 语言和 PASCAL 语言的受程序员控制的存储分配语句，它们对存储空间的需求量，只能在创建它们或给它们赋新值时才知道，且对空间的使用未必服从"先申请后释放，后申请先释放"的原则，这种情况需要采用堆式存储分配。

本书以栈式存储分配为例来深入讨论动态存储分配方法。

8.3.1　过程与活动记录

在动态分配中有两个重要的概念：过程与活动记录。

过程的定义是一个声明，它最简单的形式是将一个名字和一个语句联系起来。该名字是过程名，而这个语句是过程体。在大多数语言中，有返回值的过程称为函数，完整的程序也可以看作一个过程。

当过程名出现在调用语句中时，就说这个过程在该点被调用。过程调用就是执行被调用过程的过程体。过程调用也可以出现在表达式中，这时也称为函数调用。

出现在过程定义中的某些名字是特殊的，它们被称为该过程的形式参数(或形参)。实在参数(或实参)的变元传递给被调用过程，它们取代过程体中的形式参数。

过程体的每次执行称为该过程的一个活动。过程 p 的一个活动的生存期是从过程体执行开始到执行结束的时间，包括消耗在执行被 p 调用的过程的时间，以及这些被调用过程进一步调用其他过程所花费的时间等。

过程的一次执行所需要的信息用一块连续的存储区来管理，这块存储区称为活动记录(activity record，AR)或帧(frame)，它通常由图 8.3 的各个域组成。不同的语言、同一语言的不同编译器所使用的域可能是不同的，这些域在活动记录中的排放次序也可能是不同的。另外，寄存器往往可以取代它们中的一个或多个域。

过程的活动记录	含义
临时工作单元	存放运算的中间结果
局部变量	存放过程的局部变量
形式单元	由调用过程向被调用过程提供实参的值（或地址）
存取链	指向静态直接外层最新活动记录地址，用于访问非局部数据
控制链	指向调用该过程的那个过程的活动记录地址
返回地址	存该过程结束后返回的地址

图 8.3 活动记录

活动记录的各个域的用途如下。

(1)临时工作单元：存放计算表达式出现的中间结果，若寄存器不足以存放所有这些中间结果，则可以把它们存放在临时数据域中。

(2)局部变量：保存局部域过程执行的数据，这个域的布局在后面讨论。

(3)形式单元：由调用过程向被调用过程提供实参的值或地址。

(4)存取链：指向静态直接外层最新活动记录地址，用于访问非局部数据。存取链也称为静态链。

(5)控制链：用来指向调用者的活动记录地址。控制链也称为动态链。

(6)返回地址：用于存放过程结束后返回的地址。为提高效率，这个值也常常用寄存器返回。

每个域的长度都可以在过程调用时确定。事实上，几乎所有域的长度都可以在编译时确定。如果过程中有在过程激活时才能确定的局部数据，那么只有运行到调用这个过程时才能确定局部数据域的大小。

活动记录其实并没有包含过程一次执行所需的全部信息，如非局部数据就不在活动记录中。另外，过程运行时生成的动态变量也不在活动记录中，对它们通常采用堆式分配。

像 C 语言的这样的程序设计语言，过程的每次调用都将触发一个活动，过程的每个活动都将所需要的数据组织成一个活动记录。由于活动记录的生成期满足嵌套特性，因此实现这类语言时可以采用栈来管理过程的活动记录。

使用栈式存储分配意味着把内存组织成一个栈。运行时，每当进入一个过程时，就把它的活动记录压入栈，从而形成过程工作时的数据区，一个过程的活动记录的体积在编译时是可静态确定的。当该活动结束(过程退出)时，再把它的活动记录弹出栈，这样，它在栈顶上的数据区也随即不复存在。

假定指示运行栈最顶端数据区的是两个指示器为 SP 和 TOP：SP 总是指向现行过程活动记录的起点，用于访问局部数据；TOP 始终指向(已占用)栈顶单元。这两个指示器实际上是固定分配了两个变址器。当进一个过程时，TOP 指向为此过程创建的活动记录的顶端，在分配数据之后，TOP 就改为指向数据区的顶端。

8.3.2　简单的栈式存储分配的实现

假设语言没有分程序结构，过程定义不允许嵌套，但允许过程的递归调用，如 C 语言。这样的语言可以直接采用栈式存储分配。无嵌套定义的过程活动记录内容如图 8.4 所示（设该过程含可变数组）。

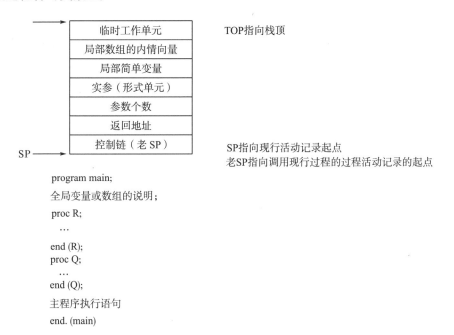

```
program main;
全局变量或数组的说明;
proc R;
  …
end (R);
proc Q;
  …
end (Q);
主程序执行语句
end. (main)
```

图 8.4　过程定义不嵌套的程序结构

若主程序调用了过程 Q，Q 又调用了 R，设 R 含有可变数组，在 R 进入运行后，运行栈的存储结构如图 8.5 所示。

图 8.5　运行栈的存储结构

8.3.3　嵌套过程语言的栈式实现

假设语言的过程定义允许嵌套，例如 PASCAL 语言。

由于过程定义是嵌套的，一个过程可以引用包围它的任一外层过程所定义的变量或数组，为了在活动记录中查找非局部量名字所对应的存储空间，必须设法跟踪每个外层过程的最新活动记录的位置。常用的跟踪方法有两种。

(1)建立静态链。

静态链指向直接外层过程的最新活动记录的地址，这就意味着在运行时栈上的数据区(活动记录)之间又增加一条链，这个链称为静态链，通过静态链可实现对过程中非局部变量名称的访问。静态链活动记录如图 8.6 所示。

图 8.6　静态链活动记录

(2)建立显示表(display)。

为了提高访问速度，引进一个指针数组——嵌套层次显示表(display)，假定现进入的过程的层数为 i，则它的 display 表含有 i+1 个单元，表中自顶向下每个单元依次存放着现行层、直接外层……，直至最外层(0 层，主程序层)等每一层过程的最新活动记录的基地址，为了便于组织存储区和处理，将 display 作为活动记录的一部分。

其中，全局 display 是一个指针，指向本过程直接外层过程最新活动记录中 display 表的首地址，可通过全局 display 来构建本过程的 display 表，即将全局 display 所指的 display 表复制过来，再加一项本过程活动记录的 SP，就可得到本过程的 display 表，当要访问一个非局部量时，由此非局部量说明所在的静态层数在 display 表中找到该非局部量所在过程的最新活动记录起址，再加上该非局部量的相对地址就可实现访问，如图 8.7 所示。

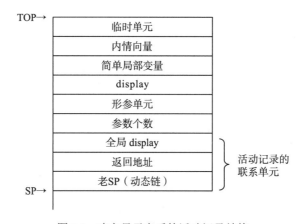

图 8.7　建立显示表后的活动记录结构

习　题

8.1　程序运行时要解决的一个主要问题就是符号空间到地址空间的映射，这个映射和运行时刻的存储分配策略密切相关。常用的存储分配策略有静态分配、栈式分配、堆式分配。请问它们有什么区别？

8.2　PASCAL 程序在执行时需要使用静态链和动态链，而为什么 C 程序执行不需要静态链？

8.3　在设计活动记录时，为什么先安排定长数据，再安排变长数据？

8.4　为什么 PASCAL 语言不允许函数类型作为函数的返回值类型？

8.5　分析 C 语言如何处理参数可变过程。

8.6　下面是一个伪 PASCAL 的源代码，若程序运行时的存储空间采用栈式动态分配策略，当程序运行到 here 时请给完整的数据空间的情况。

```
var a, b, c;
procedure A;
    var s, t;
    procedure  B;
        var v;
        procedure  C;
            var e;
            begin
                call B;             //here
            end;
        begin
        If  a < b  then  call C;
        end;
    begin
        a:=1; b:=2;
        call B;
    end
begin
call A;
end.
```

8.7　下面的 C 程序在运行时，系统报告 Segmentation fault，请回答是什么原因。

```
char s[10]="123456789";
char *p="123456789";
main() {
        *(s+1)='3';
```

```
            * (p+1) = '3';
     }
```

8.8   运行下面的 C 程序，并分析其结果的原因。

```
#include <stdio.h>
void func(long i, long j, long k)
{
    long i1, j1, k1;
    printf("Addresses of  i, j, k=%d, %d, %d \n", &i, &j, &k);
    printf("Addresses of  i1, j1, k1=%d, %d, %d \n", &i1, &j1, &k1);
}
void main()
{
func(10, 20, 30);
}
```

第9章 出错处理

9.1 错误分类

对于源程序，由于种种原因，往往含有或多或少的错误，因此，一个好的编译程序应具有较强的查错和改错能力。

编译程序对于语法和语义正确的源程序要正确地编译生成等价的目标代码；而对于错误的源程序不能一发现就停止，而是要能检查出错误的性质和出错位置，并使编译能继续下去，同时尽可能多而准确地发现错误和指出各种错误，这些工作称为出错处理。

编译过程中的错误类型主要可以分为语法错误、语义错误和逻辑错误三种。其中，语法错误和逻辑错误可以通过编译器发现，但是逻辑错误只能由编程人员通过比对结果和设计方案发现并处理。

9.1.1 语法错误

语法错误指程序结构、单词和拼写不符合语法要求的规则，其在词法分析阶段和语法分析阶段被发现。如关键字拼写错误为某些语法成分未按语言的语法规则编写等。

例 9.1 一个具有三处语法错误的赋值语句 A[x，y:=3，1416+T(T+H)，存在以下语法错误：

①A[x，y：中括号未闭合，缺少右中括号；

②3，1416：小数点写成了逗号；

③T(T+H)：缺少一个算术运算符。

大家对语法错误都很熟悉，它可以在编译过程的词法分析阶段或语法分析阶段被查找出来。一般来说，对于语法错误，编译程序能比较准确地确定出错的位置(即在源程序中的位置)和错误的性质。

9.1.2 语义错误

语义错误指程序不符合语义规则或超越系统限制。在编译阶段就能发现的错误称为静态错；到目标代码运行时才能发现的错误称为动态错，如溢出、动态数组的下标越界。

1. 不符合语义规则

一种语言除了有确定的文法定义以外,还要遵守确定的语义规则。对一般的高级语言,其语义规则通常有:

(1)标识符要先声明然后才能引用(一般标号例外);

(2)   对标识符的引用要符合作用域的规定;

(3)   标识符的引用必须与声明相一致(名字种类和类型);

(4)过程调用时,实参和形参个数必须相等,且依次具有相同的种类和类型;

(5)有些语言要求表达式中各操作数的类型要一致;

(6)下标变量的下标值不能越界;

······

其中一些规则,如标识符的作用域规则,是对上下文无关文法的补充(见语义分析和代码生成部分)。

2. 超越系统限制

超越系统限制(计算机系统和编译系统)一般指溢出错误,通常有:

①数据溢出错误,常数太大,计算结果溢出;

②符号表、静态存储分配数据区溢出;

③动态存储分配数据区溢出;

④0 作为分母   ;

······

这类错误虽然不是由违反具体的语义规则引起的,但在传统上也将它们归入语义错误的范畴。

9.2   编译程序中参数错误的处理

发现错误后,在报告错误的同时还要对错误进行处理,以便编译能继续进行下去。目前主要有校正法和局部化法两种处理办法。

9.2.1   校正法

试图对错误进行校正。当编译程序发现错误时,给用户指出错误的性质、错误的位置,以及如何校正等方面的信息。

对于一些易校正的错误,如丢了逗号、分号,常量说明中把等号错成赋值号等,指出出错位置具体的错误性质和如何校正等信息。

如 CONST a:=3,在调用过程 constdeclaration 中,执行图 9.1 所示代码序列。

```
procedure constdeclaration
begin
    if sym=ident then
        begin
            getsym;
            if sym in [eql,becomes] then
                begin
                    if sym=becomes then
                    error(1);
                    ⋮
```

图 9.1　代码序列

指出错误性质 1，即常数说明中的"="写成":="。

9.2.2　局部化法

当发现错误时，跳过错误所在的语法单位，继续往下分析，以便把错误限制在尽可能小的局部范围内。只需给用户报告出错误位置、出错性质即可。

以测试程序 test 过程为例介绍局部化法。

当语法分析进入某一语法单元时，用测试程序 test 检查当前单词符号是否属于该语法单元的开始符号集合，若不是，则出错。

当语法分析退出某一语法单元时，用测试程序 test 检查当前单词符号是否属于该语法单元的后继符号集合，若不是，则出错。

表 9.1 列出 PL/0 文法非终结符的开始符号与后继符号集合。

表 9.1　PL/0 文法非终结符的开始符号与后继符号集合

非终结符名	开始符号集合	后继符号集合
分程序	const var procedure ident if call begin while read wite	.;
语句	ident call begin if while read write	.; end
条件	odd ＋ － (ident number	then do
表达式	＋ － (ident number	.;) rop end then do
项	ident number (	.;) rop ＋ － end then do
因子	ident number (	.;) rop ＋ － * / end thendo

注：表中 rop 表示关系运算符集合，如=, #, <, <=, >, >=。

图 9.2 所示的其中的三个参数如下。

s1：当语法分析进入或退出某一语法单元时，当前单词符号应属于的集合，它可能是该语法单元的开始符号集合或后继符号集合。

s2：是补充单词符号集，若当前单词符号不属于 s1 则出错，为了把错误尽量局限在一个局部的语法单位中，需跳过一些后面输入的单词符号，为了尽早恢复语法分析继续正常工作，给出了补充单词符号集合 s2。

n：出错信息编号。

test 的功能：测试当前单词符号是否属于 s1，若不属于，则输出第 n 号错误，并跳过后边输入的单词符号，直到所输入的单词符号属于 s1 或 s2。

```
procedure test (s1,s2:symset;n:integer);
begin
    if not (sym in sl) then
        begin
            error(n);
            sl:=sl+s2;
            while not (sym in sl) do getsym
        end
end(*test*);
```

图 9.2 代码序列

观察图 9.3 的代码可知，facbegsys 是因子开始符号集，fsys 是因子后继符号集。

```
procedure factor (fsys:symset)
    var i:integer;
    begin
        test(facbegsys,fsys,24);//测试当前单词符号是否因子开始符
        while sym in facbegsys do
            begin
                ⋮
                test(fsys,facbegsys,23);//测试当前符号是否因子后继符
            end
    end(*factor*);
```

图 9.3 代码序列

参数 fsys 集合的内容如图 9.4 所示。

```
    ⋮
declbegsys:=[constsym,varsym,procsym];
statbegsys:=[beginsym,callsym,ifsym,whilesym];
facbegsys:=[ident,number,lparen];
    ⋮
block(0,0,[period]+doclbegsys+statbegsys);
```

图 9.4　主程序代码序列

在图 9.4 的主程序中调用 procedure block（len，tx：：integer；fsys：symset），参数 fsys 给出所要分析的语法单位的后继符号集合。在 block 过程体中三次调用 test 过程，第一次调用如图 9.5 所示。

```
begin(*block*)
    ⋮
    while sym=procsym do
    begin
        ⋮
        test (statbegsys+[ident,procsym],fsys,6)
        ⋮
    end;
```

图 9.5　block 过程体第一次调用

在某个过程说明结束后，测验当前单词符号是否属于该过程说明的后继。第二次调用如图 9.6 所示。

```
begin(*block*)
    ⋮
    while sym=procsym do
    begin
        ⋮
     end;
    test (statbegsys+[ident],declbegsys,7)
    ⋮
```

图 9.6　block 过程体第二次调用

　　在说明部分结束后，测试当前单词符号是否为说明部分的后继符号。第三次调用如
图 9.7 所示。

```
begin (* block *)
        ⋮
        test (fsys, [ ], 8);
        listcode
end (* block *)
```

图 9.7　block 过程体第三次调用

　　在语句部分结束后，测试当前单词符号是否为语句部分的后继符号。若源程序结束，
则后继符号为"."；若过程体结束，则后继符号应为说明开始符或语句开始符。

9.2.3　参数 FSYS 集合内容的补充

　　随着调用语法分析程序层次的深入，FSYS 集合逐步补充当前语法单位的后继符号。
如图 9.8 的主程序中语句所示，对应 fsys 的实在参数使用"**"表示。

```
block (0,0,[period]+declbegsys+statbegsys)
                    //此实在参数传递给形式参数

procedure block (lev,tx:integer;fsys:symset);
 ⋮                                                        *
procedure statement (FSYS:symset);
 ⋮                                                       **
begin (* statement 进程体 *)
    ⋮
    test (FSYS,[],19) //测试当前单词是否为语句的后继符号//
end;        **
begin (* block 过程体 *)
    ⋮
    statement([semicolon,endsym]+FSYS)
    ⋮                                                    *
end
```

图 9.8　参数 FSYS 集合内容的补充

9.3　一些语义错误的处理

9.3.1　遏止株连错误

株连错误：由于第一次错误，而派生出后面若干额外错误。只要消除第一个错误，后面若干错误也就自动消失。

遏止方法：第一次发现是标识符引起错误时，输出出错信息，并用一个"正确"的标识符代替它，并把此新的标识符填进符号表，尽可能正确地填入各种属性且加上标记。

以后发现一个引起错误的标识符时，查看符号表中相应登记项，如果它已被标记，则不再打印出错信息。

9.3.2　遏止重复错误

重复错误：一种错误，发现 n 次，报 n 次错。如 x 未被说明，程序中出现 n 次，则 n 次报 x 未被说明。

遏止方法：设出错标识符为 x：

①若 x 未经说明，则将 x 填入符号表，并填入鉴别出的属性；

②若 x 已被说明，则查错误类表。如果表中没有同类错误，则输出出错信息，并填进错误类表中；如果表中有同类错误，则不输出错误信息。

习　　题

9.1　编译过程中发现的错误主要分为哪几类？各有何特点？

9.2　什么是静态错误？什么是动态错误？

9.3　编译中的出错处理主要有哪些方法和技术？试举例说明。

9.4　对一个源程序一般可以采用哪些方法进行查错和改错？

9.5　你认为可以采用哪些技术手段提高软件质量、减少编译时错误？

实践项目五

项目名称：实现语义分析及代码生成器

项目要求：按照 CDIO 规范，编写调试某个高级语言(如 FORTRAN 或 JAVA)的语义分析及代码生成程序。

注意：(1)对语法分析的输出结果进行语法制导翻译；

(2)将该语言源程序翻译成 C 代码并输出到一个.C 文件中；

(3)用 C 编译器编译该.C 文件，运行编译成功后的可执行文件；

(4)分析结果。

所提交实践报告应包括：

(1)实验目标；

(2)实现方案；

(3)实现步骤；

(4)结构算法；

(5)测试用例；

(6)运行结果；

(7)实践体会。

第10章 代码优化

10.1 优化技术简介

代码优化是对代码进行等价变换,使得变换后的代码运行结果与变换前的代码运行结果相同,从而运行速度加快或占用存储空间减少,或两者都有。代码优化的工作阶段包括对中间代码进行优化(不依赖于具体的机器)和对目标代码进行优化(依赖于个体的机器),本章重点讨论对中间代码的优化。

依据优化所涉及的程序范围,优化技术分为三个不同的级别。

(1)局部优化:在只有一个入口和一个出口的基本程序块上进行的优化。

(2)循环优化:对循环中的代码进行的优化。

(3)全局优化:在整个程度范围内进行的优化。

代码优化主要由控制流分析、数据流分析和变换组成。控制流分析的目的是分析出程序的循环结构。数据流分析的任务是进行数据流信息的收集,为全局优化提供依据。变换主要负责根据前面的分析对中间代码进行等价变换。

为了概述代码优化技术,以下面的源程序为例。

```
P:=0
for I:=1 to 20 do P:=P+A[I]*B[I];
```

10.1.1 删除多余运算

如果表达式 E 在某次出现之前已经被计算过了,而且 E 中变量的值从那次计算到本次出现一直没有改变过,则称本次出现的 E 为公共子表达式。如果公共子表达式位于某个基本块内,则称为局部公共子表达式,否则称为全局子表达式。如果先前计算的结果可以继续使用,则可以避免表达式的重复计算,用先前的计算结构替换公共子表达式的本次出现称为公共子表达式的删除。

经过编译程序,得到的中间代码如图 10.1(a)所示,这个程序段由 B1 和 B2 两个部分组成,B2 是一个循环,假定按每个元素占 4 个字长编址,那么对于这个中间代码段,可进行删除公共子表达式等优化。

在图 10.1(a)所示的三地址代码序列中,表达式 4*I 分别在(3)号代码和(6)号代码中被计算,而且 T1 的值在(6)号代码之前没有改变,因此可以将(6)号代码 T4:=4*I 变换成 T4:=T1,删除公共子表达式 4*I。

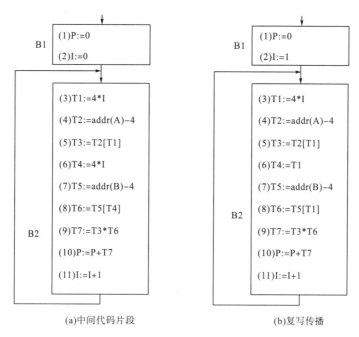

图 10.1 中间代码片段

10.1.2 复写传播

形如 "X:=Y" 的赋值语句称为复写。删除公共子表达式可能引入大量的赋值，当然其他的一些算法也会引入一些复写。

复写传播的基本思想是：在复写 X:=Y 之后尽可能用 Y 代替 X。例如，在图 10.1(a) 所示的三地址代码序列中，一旦将 T4:=4*I 变换成 T4:=T1，则 (8) 号代码 T6:=T5[T4] 可以变换成 T6:=T5[T1]，如图 10.1(b) 所示。

表面上，这样的变换没有什么改进，但是它增加了删除 (6) 号代码 T4：=T1 的机会，下面就介绍这种变换——无用代码删除。

10.1.3 无用代码删除

在图 10.1(b) 所示的代码中，(6) 号代码 T4:=T1 实现对 T4 的赋值，但是 T4 未被引用，所以如果程序中其他地方也不再引用 T4，则 (6) 号代码是无用的代码，可以删除，结果如图 10.2(a) 所示。

10.1.4 代码外提

减少循环中代码总数的一个重要办法是代码外提。这种变换把循环不变运算(即其结果独立于循环执行次数的表达式)提前到循环的前面，使之只在循环外计算一次。在图 10.2(a) 所示的代码中，(4)T2:=addr(A)-4 和 (7)T5:=addr(B)-4 与循环无关，经过变换之后如图 10.2(b)所示。

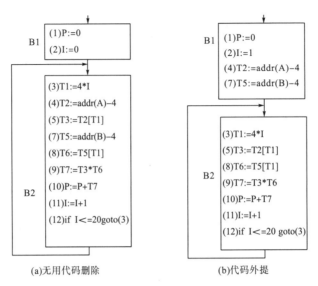

图 10.2　中间代码片段

10.1.5　强度削弱和基本归纳变量删除

强度削弱的思想是把强度大的运算换成强度小的运算，例如把乘法变为加法等。图 10.2(b)所示的代码中，每循环一次，I 的值增加 1，T1 的值与 I 保持线性关系，每次总是变成 4 倍。因此，可将循环控制变量由 I 变为 T，且步长为 4。其次，循环次数的控制也可以由"I<=20"变换为"T1<=80"，如图 10.3(a)所示。经过这样变换，(11)号代码中的对 I 赋值就是无用代码，同样可以删除。因此，图 10.1 所示的代码可以优化为图 10.3(b)的结果。

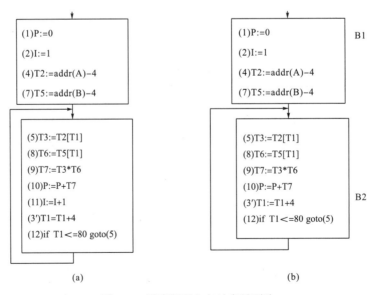

图 10.3　强度削弱和归纳变量删除

10.2 局 部 优 化

基本块的功能实际上就是计算一组表达式，这些表达式是在基本块出口变量的值。如果两个基本块是计算相同的一组表达式，则称它们等价。

可以对基本块使用很多变换而不改变它所计算的表达式集合，许多这样的变换对改进最终由某些基本块生成的代码的质量很有用。利用基本块的有向无环图表示(将在本节介绍)可以实现一些常用基本块的变换。

10.2.1 基本块

基本块是指程序中一顺序执行的语句序列，其中只有一个入口语句和一个出口语句。例如，下面的三地址代码序列就是一个基本块。

```
T1:=A*B
T2:=3/2
T3:=T1-T2
X:=T3
C:=5
T4:=A*B
C:=2
T5:=18+C
T6:=T4*T5
Y:=T6
```

因为基本块是一个按顺序执行的代码序列，而且从其唯一入口进入，从其唯一出口退出，其间不发生任何分叉，所以程序中的任何控制转移三地址代码(条件转移、无条件转移等)只能是某些基本块的出口，而控制所转移的目标则必然是某些基本块的入口。于是可以根据程序中的控制转移三地址代码的位置以及定义性标号的地址，将中间代码划分为若干个基本块，其算法如下。

算法 10.1 将三地址代码序列划分为基本块。

确定基本块的入口的规则为：

        ①程序的第一个三地址代码；

        ②转移语句转向的三地址代码；

        ③条件转移语句之后的语句。

一个入口到下一个入口前的所有三地址代码就是一个基本块。

执行上述第①步和第②步后，凡未被纳入某一基本块的语句，都是程序中控制流程无法到达的语句，因而也是不会被执行到的语句，可以把它们删除。

例 10.1　三地址代码序列如下:

```
read  x
read  y
r:=x mod y
if r=0 goto (8)
x:=y
y:=r
goto(3)
write y
halt
```

按照算法 10.1,例 10.1 的三地址代码序列可划分成 4 个基本块: {(1)(2)}、{(3)(4)}、{(5)(6)(7)}、{(8)(9)}。

10.2.2　基本块的有向无环图表示

对基本块进行分析的一种有效方法就是有向无环图。因为 DAG 能够完整描述基本块中每个运算结果在后续运算中的使用情况,所以为每一个三地址代码序列形式的基本块构造一个 DAG,对于确定块中的公共子表达式,确定哪些名字在块内使用而在块外定值,以及确定块中哪些运算之值可能在块外引用,从而完成对基本块的优化。

用来描述基本块的 DAG,是对其各个结点按如下方式进行标记的一个 DAG。

对于 DAG 中的每一个叶子结点,用一个变量名或常数做标记,以表示该结点代表此变量或常量之值。此外,叶子结点通常代表一个变量名的初值,故叶子结点上所标记的变量名都添加下标 0,以便和该变量的"当前值"区别开来。

对于 DAG 中每一个内部结点,都用一个运算符作为标记,这样的结点代表以其直接后继结点之值进行该运算所得到的结果。

在 DAG 的各个结点上,还可附加若干符号名(标识符),以表示这些符号名都持有相应结点所代表。

上面这种 DAG 可用来描述计算过程,又称为描述计算过程的 DAG。下面讨论基本块 DAG 表示和构造。

一个基本块,可用一个 DAG 来表示。图 10.4 列出各种三地址代码及相应的 DAG 的结点形式。图中 ni 为结点编号,结点下面的符号(运算符、标识符和常数)是各结点的标记,各结点右边的标识符是结点的附加标识符。

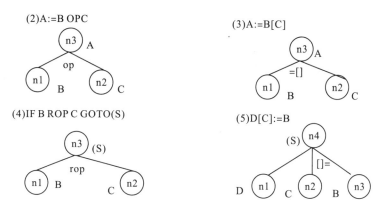

(2)A:=B OPC

(3)A:=B[C]

(4)IF B ROP C GOTO(S)

(5)D[C]:=B

图 10.4　三地址代码及其对应的 DAG 结点

接着给出一种构造基本块的 DAG 算法。假设 DAG 各结点信息将用某种适当的数据结构来存放，并设有一个标识符(包括常数)与结点的对应表。node(A)是描述这种对应关系的函数，它的值或者是一个结点的编号，或者无定义。前一种情况代表 DAG 中存在一个结点 n，A 是其上的标记或者附加标识符。

0 型：A:=B　　　　　　　　(:=B，—，A)

1 型：A:=op B　　　　　　　(op，B，—，A)

2 型：A:=B op C　　　　　　(op，B，C，A)

下面只讨论仅含 0、1、2 型三地址代码的基本块的 DAG 的构造算法。

(1)DAG 为空，对基本块的每一条代码，依次进行：

如果 node(B)无定义，则构造一标记为 B 的叶子结点并定义 node(B)为这个结点；

如果当前代码是 0 型，则记 node(B)的值为 n，转(4)；

如果当前代码是 1 型，转(2)①；

如果当前代码是 2 型，则

(a)如果 node(C)无定义，则构造一标记为 C 的叶子结点并定义 node(C)为这个结点；

(b)转(2)②。

(2)①如果 node(B)是标记为常数的叶子结点，则转(2)③。

②如果 node(B)和 node(C)都是标记为常数的叶子结点，则转(2)④，否则转(3)②。

③执行 op B(即合并已知量)，令得到的新常数为 P。如果 node(B)是处理当前代码时新构造出来的结点，则删除它。如果 node(P)无定义，则构造一个用 P 做标记的叶子结点 n。置 node(P)=n，转(4)。

④执行 B op C(即合并已知量)，令得到的新常数为 P。如果 node(B)或 node(C)是处理当前代码时新构造出来的结点，则删除它。如果 node(P)无定义，则构造一个用 P 做标记的叶子结点 n。置 node(P)=n，转(4)。

(3)①检查 DAG 中是否已有一结点，其唯一后继为 node(B)，且标记为 op(即找公共子表达式)。如果没有，则构造该结点 n，否则就把已有的结点作为它的结点并设该结点为 n，转(4)。

②检查 DAG 中是否已有一结点，其左后继为 node(B)，右后继为 node(C)，且标记为 op(即找公共子表达式)。如果没有，则构造该结点 n，否则就把已有的结点作为它的结

点并设该结点为 n，转 4。

(4) 如果 node(A) 没有定义，则把 A 附加在结点 n 上并令 node(A)=n，否则先把 A 从 node(A) 结点上的附加标识符集中删除（注意，如果 node(A) 是叶子结点，则标记 A 不删除），把 A 附加到新结点 n 上并令 node(A)=n，转下一条代码。

例 10.2 按照基本块的 DAG 的构造算法，可以构造以下基本块 G 的 DAG。

```
T1:=A*B
T2:=3/2
T3:=T1-T2
X:=T3
C:=5
T4:=A*B
C:=2
T5:=18+C
T6:=T4*T5
Y:=T6
```

顺序处理每一条代码构造 DAG。图 10.5(a) 对应例 10.2 中第一行代码，依次类推，具体步骤略。

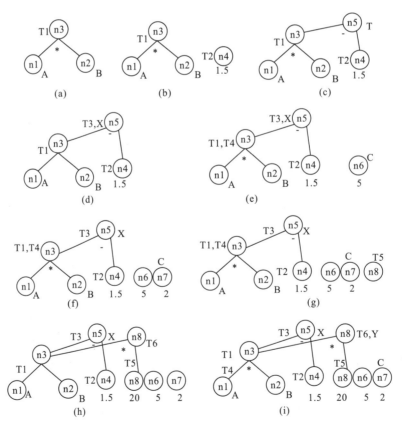

图 10.5 由代码构造 DAG 的过程

10.2.3　基于基本块的优化

将代码表示成 DAG 后，可以利用 DAG 来进行优化。首先，由 DAG 构造优化的三地址代码序列。回顾一下 DAG 构造算法中的几个步骤的作用。

对于步骤 2，如果参与运算的对象都是已知量，则它并不生成计算该结点值的内部结点，而是执行该运算，将计算结果生成一个叶子结点。显然，步骤 2 起到了合并已知量的作用。

步骤 3 的作用是检查公共子表达式，对具有公共子表达式的所有代码，它只产生一个计算该表达式值的内部结点，而把那些被赋值的变量标识符附加到该结点上。这样可删除多余的运算。

步骤 4 具有删除无用赋值的作用。如果某些变量被赋值后，在它被引用前又被重新赋值，则步骤 4 把该变量从具有前一个值的结点上删除。

这样，在一个基本块被构造成相应的 DAG 的过程中已经进行了一些基本的优化工作。然后，可以由 DAG 重建优化的代码。

例如，在例 10.2 构建的 DAG(图 10.5)上重建优化的三地址代码如下：

```
T1:=A*B
T2:=1.5
T3:=T1-1.5
X:=T3
T4:=T1
C:=2
T5:=20
T6:=T4*20
Y:=T6
```

与原来的基本块相比较，可以发现：①公共子表达式 A*B 仅计算一次；②原基本块中已知量的运算已合并；③原基本块中的无用赋值 C:=5 已经被删除。

除了可应用 DAG 进行上述的优化以外，还可以从基本块得到如下的优化信息：

(1)在基本块外被定值并在基本块内备用的标识符就是作为叶子结点上标记的那些标识符；

(2)在基本块内被定值且该值能在基本块后被引用的标识符就是 DAG 各个结点上的那些附加标识符。

前面删除的无用赋值只是一种情况，如果已知基本块后被引用的情况，可以进一步删除其他的无用赋值。例如，假设 T1，T2，…，T6 在基本块之后都不会被引用，则例 10.2 所示的代码可以优化为如下的代码序列：

```
T1:=A*B
X:=T1-1.5
Y:=T1*20
```

也就是说，既然 T1，T2，…，T6 在基本块之后都不会被引用，那么对 T1，T2，…，T6 的赋值代码都是没有必要的。

10.3　循　环　优　化

　　程序的结构一般包括顺序执行的赋值语句序列、改变顺序的控制结构(如 if 语句)、控制某些语句重复执行的循环语句和改变执行模块的过程调用语句。为了对程序进行优化，必须先分析程序中的控制流程，以便分析出基本块、循环结构等。

　　在找出了程序流图中的循环之后，就可以针对每个循环进行优化。因为循环内的指令是重复执行的，所以循环中进行的优化在整个优化工作中非常重要。本节介绍循环优化的技术：代码外提、归纳变量的相关优化。

10.3.1　流图

　　程序的控制流信息可以用流图或控制流图(control-flow graph，CFG)表示，流图是一个结点为基本块的有向图。第一个结点为含有程序第一条语句的基本块；从基本块 i 到基本块 j 之间存在有向边，当且仅当基本块 j 在程序的位置紧跟在 i 后，且 i 的出口语句不是转移或停语句(可以是条件转移语句)；或者 i 的出口是 goto(S)或 if goto(S)，而(S)是 j 的入口语句。

例 10.3　在例 10.1 所示的代码中，根据控制流关系，可以构造如图 10.6 所示的流图。

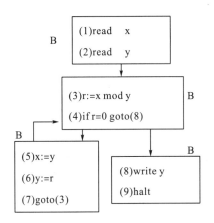

图 10.6　例 10.1 所示程序的流图

10.3.2　循环

　　循环优化是提高程序运行效率的主要途径之一。而要查找程序中的循环结构，首先按照算法 10.1 划分基本块，然后再以基本块为结点构造程序的流图。流图中的循环是具有唯一入口的强连通子图，而且从循环外进入循环内，必须首先经过循环的入口结点。为了定义流图中的循环，首先需要引入结点"支配"另一个结点的概念。

1. 支配结点 (dominators) 集

如果从流图的首结点出发，到达 n 的任意通路都要经过 m，则称 m 支配 n，或 m 是 n 的支配结点，记为 m DOM n。按照定义，对于任意的结点 a，a DOM a。

结点 n 的所有支配结点的集合，称为结点 n 的支配结点集，记为 D(n)。

例如，图 10.7 所示流图中，假设流图中的任何结点都是从首结点可达的。从流图的结点 1 到达结点 2 的每条通路都必须经过结点 1，因此结点 2 的支配结点除了结点 2 之外还有结点 1。同理，从结点 1 到达结点 3 的每条通路都必须经过结点 1 和结点 2，因此结点 3 的支配结点除了结点 3 之外还有结点 1 和结点 2。

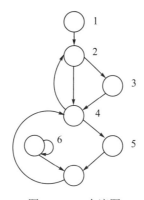

图 10.7 一个流图

根据结点支配的思想可以得到计算支配结点集的算法。

算法 10.2 支配结点集计算。

输入：流图 G 和结点集 N，边集 E，初始结点为 n0

输出：关系 DOM

步骤：

  D(n0):={n0};

  for N-{n0} 中的 n do D(n):=N；/*初始化*/

  while D(n) 发生变化 do

   for N-{n0} 中的 n do

    $D(n):=\{n\} \cup \left(\bigcap_{n\text{的前驱}p} D(p) \right)$

按照算法 10.2，图 10.7 所示流图中每个结点的支配结点集如下：

D(1)={1}

D(2)={1，2}

D(3)={1，2，3}

D(4)={1，2，4}

D(5)={1，2，4，5}

D(6)={1，2，4，6}

D(7)={1，2，4，7}

2. 循环的构造

循环应具备两个条件：

(1)必须有唯一的入口点，称为首结点。首结点支配其他所有结点；

(2)至少迭代一次，即至少有一条返回首结点的路径。

按照这两个条件，要寻找循环必须寻找可以返回首结点的有向边，这种边称为回边。如果 b DOM a，则边 a→b 称为回边。

利用支配结点可以求出所有的回边，例如，在图 10.7 所示流图中，D(7)={1, 2, 4, 7} 可知 4 DOM 7，因此 7→4 就是回边。类似地，6→6 和 4→2 都是回边。

有向边 n→d 是回边，它对应的自然循环是由结点 d、结点 n 以及有通路到达 n 而该通路不经过 d 的所有结点组成的，并且 d 是该循环的唯一入口结点。同时，因 d 是 n 的支配结点，所以 d 必可达该循环中任意结点。

在图 10.7 所示流图中，对应回边 6→6 的自然循环为{6}，对应回边 7→4 的自然循环为{ 4，5，6，7}，对应回边 4→2 的自然循环为{ 2，3，5，6，7，4 }。

根据上面的思想可以得到如下的识别循环的算法。

算法 10.3 构造回边的自然循环。

输入：流图 G 和回边 n→d

输出：由 n→d 的自然循环的所有结点构成的集合 loop

步骤：

    s 三地址代码 k:={};

    loop:={d}；

    insert{n}；

    while s 三地址代码 k 非空 do

        begin

            从 s 三地址代码 k 中弹出第一个元素 m；

            for m 的每个前驱 p do insert(p)

        end

    /*下面是子程序 insert */

    procdure insert(m)

    if m 不在 loop 中 then

    begin

        loop:=loop∪{m}；

        将 m 压入栈 s 三地址代码 k

    end；

算法 10.3 由结点 n 开始，考虑已放入 loop 中的每个结点 m，m≠d，确定将 m 的前驱结点也放入 loop 中。除了 d 之外，一旦 loop 中的结点加入 s 三地址代码 k，就要检查它的前驱。d 是在初始时放入循环的，不会考察它的前驱，因此找出的只是那些不经过 d 而能到达 n 的结点。

10.3.3　循环不变计算及代码外提

提高循环执行效率的一个重要方法是代码外提。这种变换把循环不变计算(即产生的结果独立于循环执行次数的表达式)放到循环的前面。

实行代码外提时，在循环的入口结点前面建立一个新结点(基本块)，称为循环的前置结点。循环的前置结点以循环的入口结点为唯一后继，原来流图中从循环外引到循环入口结点的有向边，改成引到循环前置结点。

例如，程序

```
while (i< limit/2){…}
```

等价于

```
t:=limit/2;
while (i< t){…}
```

循环不变量(loop-invariant)可以借助 ud 链进行查找，如对循环内部的语句 x:=y+z，若 y 和 z 的定值点都在循环外，则 x:=y+z 为循环不变量。

再看下面稍微复杂一点的例子。

```
i=0;
while(i<20)
{ x=4*i;
i++;
y=z*6+x;
}
```

图 10.8 是该程序的代码及其流图，从该流图中可以看到代码 t1:=z*6 因为其引用的变量 z 的定值点在循环体之外，所以它就是该循环体的循环不变量，可以将它提到循环体的前面。

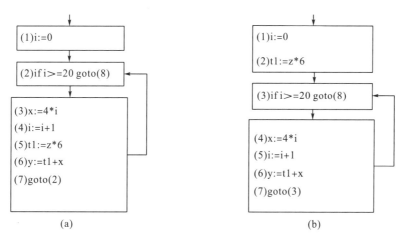

(a)　　　　　　　　　　　　　　　(b)

图 10.8　示例流图

是否在任何情况下都可以将循环不变运算外提？下面来看看图 10.9(a)所示的流图。容易看出{B2，B3，B4}是一个循环，其中 B2 是循环的入口，B4 是循环的出口。在 B3 中的 i:=2 就是一个循环不变运算。如果把 i:=2 提到循环体的前面，如图 10.9(b)所示，流图中执行完 B5 之后 i 的值为 2，j 的值也为 2。事实上，在图 10.9(a)所示的流图中执行完 B5 之后，i 的值可能是 1，也可能是 2。也就是说，将循环不变量 i:=2 提到循环体之外改变了原来程序的运行结果。换句话说，该例子中的循环不变量 i:=2 是不能外提的。

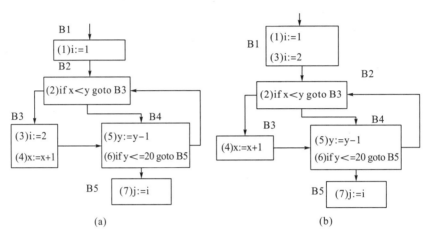

图 10.9   示例流图

分析其原因在于 i:=2 所在的 B3 不是循环的所有出口结点的必经结点。因此，当把一个不变运算外提时，要求该不变运算所在的结点是循环所有出口的必经结点。

那么是不是循环不变运算所在的结点是循环出口的必经结点就可以外提？现在继续考察图 10.10(a)所示的流图。在图 10.10(a)的 B2 块中，i:=3 是循环出口的必经结点上的循环不变运算，如果将其外提可以得到图 10.10(b)所示的流图。然而，在图 10.10(a)所示的流图中，按照控制流如果执行的顺序为 B1、B2、B3、B4、B2、B4、B5，则 i 的值为 3；

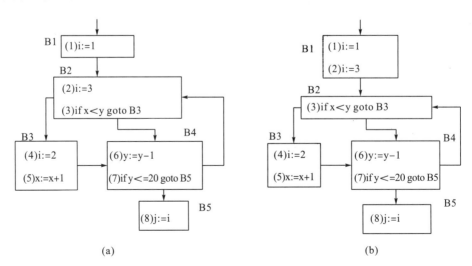

图 10.10   示例流图

而在图 10.10(b)中按照同样的执行顺序得到的 i 值为 2。由此可见,满足必经结点的循环不变量不是可以外提的充分条件。

分析其原因在于图 10.10(a)中 B2 的 i:=3 不是循环体里面 i 的唯一的定值。因此,当把一个不变运算外提时,要求该不变运算是循环体里面的唯一的定值点。

那么是不是循环不变运算是循环的所有出口结点的必经结点,同时也是循环体里面的唯一的定值点就可以外提?同样,考察图 10.11(a)所示的流图。在图 10.11(a)的 B4 块中,i:=2 是循环出口的必经结点上的循环不变运算,且 i:=3 是循环体里面对 i 的唯一定值点。如果将其外提可以得到图 10.11(b)所示的流图。然而,在图 10.11(a)所示的流图中,按照控制流如果执行的顺序为 B1,B2,B3,B4,B5,则 A 的值为 2;而在图 10.11(b)中按照同样的执行顺序得到的 A 值为 3。由此可见,满足必经结点和唯一定值点的循环不变量不是可以外提的充分条件。

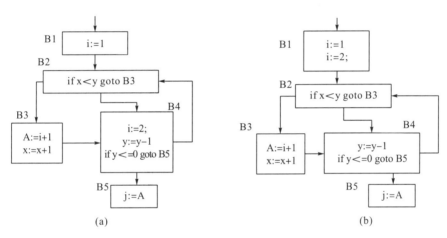

图 10.11　示例流图

分析其原因在于图 10.11(a)中 B4 的 i:=2 不是所有的引用点都引用这个定值。因此,当把一个不变运算外提时,要求所有的引用点都引用不变运算的定值。

根据以上讨论,现在给出循环不变量代码 x:=y+z 可以外提的充分条件:

(1)要求所在结点是循环的所有出口结点的支配结点;

(2)要求循环中其他地方不再有 x 的定值点;

(3)要求循环中 x 的所有引用点都是且仅是这个定值所能达到的;

(4)要求 x 在离开循环之后不再是活跃的。

根据以上讨论,给出查找循环不变运算和代码外提的算法。

首先,查找循环 L 中的循环不变运算:

(1)依次查看 L 中的各个基本块的每个四元式,如果它的每个运算对象为常数或者定值点在 L 外,则将此四元式标记为“不变运算”。

(2)依次查看尚未标记为“不变运算”的四元式,如果它的每个运算对象为常数或者定值点在 L 外,或者只有一个到达定值点且该点上的四元式已经被标记为“不变运算”,则将此四元式标记为“不变运算”。

(3) 重复步骤(2)直到没有新的四元式被标记为"不变运算"。

找到了循环中的不变运算,就可以进行代码外提的分析,下面是代码外提的方法:

(1) 求出循环体中的所有不变运算;

(2) 对每一个不变运算 s:A:=B OP C 或者 A:=OP C 或者 A:=B,检查它是不是满足以下条件(a)或者(b):

(a) (i) s 所在的结点是 L 的所有出口结点的必经结点;

　　 (ii) A 在 L 中其他地方未被定值;

　　 (iii) L 中所有 A 的引用点只有 s 中 A 的定值才能到达。

(b) A 在离开 L 之后不再活跃,并且条件(a)的(ii)和(iii)成立。

(3) 按步骤(1)所找出的不变运算顺序,依次把符合步骤(2)的条件(a)或条件(b)的不变运算 s 外提到 L 之前。如果 s 的运算对象(B 或 C)是在 L 中定值,则只有当这些定值四元式都已外提到前置结点中时才可以把 s 外提到前置结点中。

注意:如果把满足条件(b)的不变运算 A:=B op C 外提到循环的前置结点中,在执行完循环后得到的 A 值,可能与不进行外提的情形所得到的值不同,但是离开循环后不会引用该 A 值,所以不影响程序运行的结果。

10.3.4　归纳变量相关的优化

归纳变量是在循环的顺序迭代中取得一系列值的变量,常见的归纳变量如循环下标及循环体内显式增量和减量的变量。

首先介绍归纳变量的概念。如果循环体内对 i 有唯一的形如 i:=i±C 的赋值,且 C 是循环不变量,则称 i 为循环的基本归纳变量。如果 i 是循环体中一个基本的归纳变量,j 在循环体中的定值总是可以划归为 i 的同一线性函数,也即 j:=C1*i+C2 其中 C1、C2 都是循环不变量,则称 j 为归纳变量,并称它与 i 为同族归纳变量。例如,图 10.12 所示的流图中,i 就是基本的归纳变量,x 与 i 为同族归纳变量。

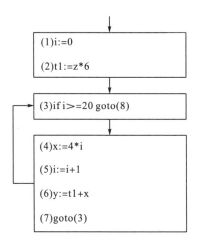

图 10.12　示例流图

通常可以针对归纳变量进行如下优化：

(1)削弱归纳变量的计算强度；

(2)删除某些归纳变量。

一个基本归纳变量除了用于自身的递归定值外，往往只在循环体中用来计算其他归纳变量以及用来控制循环的进行。这时就可以用与循环控制条件中的基本归纳变量同族的某一归纳变量来替换。进行变换后，就可以将基本的归纳变量的递归定值作为无用赋值删除。

例如，图 10.12 所示的流图中，x:=4*i 可以变换为 x:=x+4，其中 x 的初值为-4，如图 10.13(a)所示。经过如此变换之后，作为控制循环次数的归纳变量 i 的功能可以由 x 来充当，因此 i 的定值就成为无用赋值，可以删除，如图 10.13(b)所示。

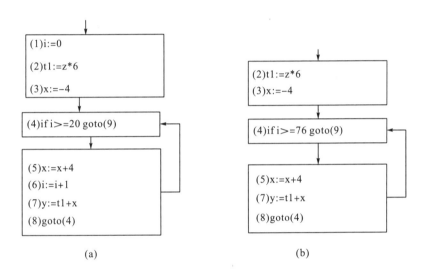

图 10.13　示例流图

一般来说归纳变量 X:=K*i+Y 可以改写为 X:=X+K*C，其中 K、Y 和 C 是循环不变量。其次，如果 i 的初值为 0，则 X 的初值 Y-K*C。

下面，统一给出强度削弱和删除归纳变量的方法：

(1)利用循环不变运算信息，找出循环中所有的基本归纳变量；

(2)找出所有其他归纳变量 A，并找出 A 与已知基本归纳变量 X 的同族线性函数关系 $F_A(X)$；

(3)对步骤(2)中找出的每一归纳变量 A 进行强度削弱；

(4)删除对归纳变量的无用赋值；

(5)删除基本归纳变量。如果基本归纳变量 B 在循环出口之后不是活跃的，并且在循环中，除了其自身的递归赋值中被引用外，只在形如 if B rop Y goto Z 中被引用，则选取一个与 B 同族的归纳变量 M 来替换 B 进行条件控制并删除循环中对 B 递归赋值的四元式。

10.4　全　局　优　化

本节讨论如何利用数据流分析收集到的信息来进行全局优化。

10.4.1　全局公共子表达式

利用可用表达式分析可以判定位于流图中 p 点的表达式是否为全局公共子表达式。下面是删除全局公共子表达式的方法。

假设已经计算出基本块 B 入口之前的可用表达式集合 in[B] 以及达到定值信息。对于基本块 B 中每个四元式 s：A:=D op C，其中 D op C 在 B 的入口之前是可用的并且 B 中 s 之前未对 D 或者 C 重新定值，依次执行以下步骤：

(1)在到达 B 的每条通路上，求出与 s 有相同右部并与 B 最接近的 sk：E:=D op C；

(2)生成一个新的临时变量 T；

(3)把步骤(1)中找出的每个 sk：E:=D op C 变换成 T:=D op C 和 E:=T；

(4)用 A:=T 来代替 s。

下面对该算法做简单说明：

在步骤(1)中寻找到达 s 的 D op C 的计算也可以形式为一个数据流分析问题，但是为所有的表达式 D op C 和所有的语句或者基本块求解这个问题是没有意义的，因为这样会收集到太多的无关信息，所以只在流图上搜索相关的语句和表达式。

上面的方法完成的修改并非都是对代码的改进，可能需要限制在步骤(1)中发现的到达 s 的不同计算的个数，很可能限制到 1。不过，下面将要讨论的复写传播在多个 D op C 的计算到达 s 时也能获得益处。

上面的方法将会遗漏这样的事实：A*Z 和 C*Z 在下面的语句中具有相同的值：

A:=X+Y

B:=A*Z

相对于

C:=X+Y

D:=C*Z

处理公共子表达式的这种简单方法只考虑字面上的表达式所计算的值，而不考虑表达式计算的值。当然上述方法的多遍扫描可以找到它们，重复执行算法直到没有变化。

10.4.2　复写传播

全局公共子表达式的删除和强度削弱都引入大量的复写语句 x:=y。如果能找到复写语句 s：x:=y 中 x 定值的所有的引用点，并且 y 代替 x，那么可以删除这个复写语句，这称为复写传播，但它必须以每个 x 的应用点 u 满足下列条件为前提：

(1) 语句 s 是到达 u 的唯一 x 定值(即 x 在引用点 u 的 ud 链只含 s);

(2) 从 s 到 u 的每条路径, 包括穿过 u 若干次的路径(但没有多次穿过 s)上, 没有对 y 的重新定值。

条件(1)可用 ud 链信息检查, 对于条件(2), 必须建立新的数据流分析问题。因此做如下定义。

in[B]: 满足下述条件的所有复写 s: x:=y 的集合, 从首结点到基本块 B 入口之前的每一条通路上都会包含有复写 s: x:=y, 并且在每一条通路上最后出现的那个复写 s: x:=y 到 B 的入口之前未曾对 x 或者 y 重新定值。

out[B]: 满足下述条件的所有复写 s: x:=y 的集合, 从首结点到基本块 B 的出口之后的每一条通路上都包含复写 s: x:=y, 并且在每一条通路上的最后出现的那个复写 s: x:=y 到 B 出口之前未曾对 x 或者 y 重新定值。

e_gen[B]: 基本块 B 中满足系数条件的所有复写 s: x:=y 的集合, 在 B 中 s 的后面未曾对 x 或者 y 重新定值。

e_kill[B]: 程序中满足下述条件的所有复写 s: x:=y 的集合, 其中 s 在基本块 B 外, 但 x 或者 y 在 B 中被重新定值。

其中 e_gen[B] 和 e_kill[B] 均可以从给定的流图直接求出, 对于 in[B] 和 out[B], 可以通过下列的数据流方程求出。

$$\text{out}[B] = \text{in}[B] - \text{e\_kill}[B] \cup \text{e\_gen}[B]$$

$$\text{in}[B] = \bigcap_{n\text{的前驱块}p} \text{out}[P] \qquad //B \text{ 不是首结点}$$

$$\text{in}[B1] = \{\}$$

只要求出各个基本块的 in[B], 就可以进行复写传播, 下面就是复写传播的方法。

假设已经求出方程中各个定值点的 du 链。对每一个要考察的复写 s: x:=y, 依次执行以下步骤:

(1) 应用 du 链信息求出复写 s: x:=y 中 x 的定值所能达到的 x 的所有引用点;

(2) 对步骤(1)中求出的 x 的各个引用点, 假设其所属基本块分别为 B1, B2, …, Br, 如果对所有满足 $1 \leq i \leq r$ 的 i, 都有 $s \in \text{in}[Bi]$, 并且上述 Bi 中各个 x 的引用点之前都未曾对 x 或者 y 重新定值, 则转到步骤(3), 否则转到步骤(1), 考察下一个复写语句;

(3) 删除 s, 并把步骤(1)中求出的那些引用 x 的地方改写为引用 y。

习　题

10.1　已知一段源程序如下，请构造它的控制流程图。

```
x:=5
y:=6
r:=x mod y
if r=0 goto (8)
x:=y
y:=r
goto(3)
write y
halt
```

10.2　对下面的程序流图，完成下面的问题。

(1)为基本块 B2 构造 DAG 图；

(2)假设 B4 出口处的活跃变量集合为空，求出 B3 出口处、B3 入口处以及 B2 出口处的活跃变量集合。

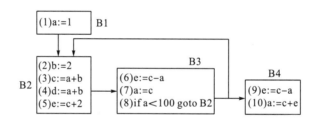

10.3　对以下基本块，假设只有 L 在基本块出口之后还被引用，请写出优化后的四元式序列。

```
T1:=2
T2:=A-B
T3:=A+B
T4:=T2*T3
T5:=3*T1
T6:=A-B
L:=A+B
T7:=T6*L
T8:=T5*4
M:=T8+T7
L:=M
```

10.4 对以下基本块：

```
A:=B*C
D:=B/C
E:=A+D
F:=2*E
G:=B*C
H:=G*G
F:=H*G
L:=F
M:=L
```

(1) 假设只有 G、L、M 在基本块后面还要被引用，请写出优化后的代码序列。

(2) 假设只有 L 在基本块后面还要被引用，请写出优化后的代码序列。

10.5 优化编译器对下面程序的局部变量 i 和 j 不分配空间，为什么？

```
main()
{
    long i，j；
    i=5；
    j=i * 2；
    printf("%d\n"，i+j)；
}
```

10.6 下面左边的函数被某个版本的 GCC 优化成右边的代码。若你认为该优化结果不对或该优化不合理，则阐述你的理由；若你认为该优化结果是对的，请说明实施了哪些优化，并解释循环优化结果的合理性。

```
f(a, b, c, d, x, y, z)           |        f:
int a, b, c, d, x, y, z;         |            pushl %ebp
{                                |            movl %eSP, %ebp
    while(a<b) {                 |            movl 8(%ebp), %edx
        if (c<d)                 |            movl 12(%ebp), %eax
            x=x+z;               |            cmpl %eax, %edx
        else                     |            jge.L9
            x=y-z;               |        .L7:
    }                            |            jl.L7
}                                |        .L9:
                                 |            popl %ebp
                                 |            ret
```

实践项目六

项目名称：实现代码优化器

项目要求：编写调试一个程序，它把四元式序列表示的基本块改造为相应的 DAG 并进行优化，再根据 DAG 重建基本块。

所提交实践报告应包括：

(1)实验目标；

(2)实现方案；

(3)实现步骤；

(4)结构算法；

(5)测试用例；

(6)运行结果；

(7)实践体会。

第11章 目标代码生成

代码生成是编译的最后一个阶段,由代码生成器完成,其任务就是把中间代码转换成等价的、具有高质量的目标代码,以充分利用目标机器的资源。由此可见,代码生成程序的构造和输入的中间代码以及目标机上的指令系统结构密切相关。

目标代码既可以是绝对地址的机器代码,也可以是相对地址的机器代码,或者汇编代码。大多数编译程序通常不直接生成绝对地址的机器代码,而是生成后两种形式的目标代码。本章用微型计算机的汇编指令来表示目标代码。

要生成高质量的目标代码,必须合理地使用寄存器,这是一个与具体机器有关的优化问题。本章仅讨论一般性的代码生成方法。

11.1 目标代码生成概述

虽然代码生成器的具体实现依赖于目标机器的体系结构、指令系统和操作系统,但存储管理、指令选择、寄存器的分配和计算顺序等问题是设计各种代码生成器都要考虑的问题,本节就这些问题做简单的讨论。

11.1.1 代码生成器的输入

代码生成器的输入包括中间代码和符号表信息,符号表信息主要用来确定中间代码的变量所代表的数据对象运行时的地址。

假设在代码生成前,编译器的前端已经将源程序扫描、分析和编译成足够详细的中间代码,其中变量已经表示为目标机器能够直接操作的量,而且已经完成了必要的类型检查,在需要的地方已经插入了类型转换符,明显的语义错误也被检查出来。这样,代码生成阶段就可以假设其输入没有错误。不过,在某些编译器中,直到代码生成阶段才会执行这类语义检查。

11.1.2 目标代码的形式

代码生成器的输出是目标代码,目标代码的形式主要有以下三种。

(1)具有绝对地址的机器语言程序。所有的地址均已经定位,可以立即执行。因此,这种形式最有效,但是不能独立地完成源程序各个模块的编译。

(2)具有浮动地址的机器语言程序。允许分别将各个模块编译成一组可重新定位的机器语言程序，再由连接装配器将它们和某些运行程序连接起来，转换成可执行的机器语言程序。因此，这种形式是比较灵活的，并且能够利用已有的程序资源，相应的代价是增加了连接和装配的开销。

(3)汇编语言程序。生成汇编语言代码后还需要经过汇编程序汇编成可执行的机器语言程序，但是它的好处是简化了代码生成过程，增强了可读性。

11.1.3　指令选择

指令选择是寻找一个合适的机器指令序列来实现给定的中间代码。

在指令选择过程中，指令集的一致性和完整性是两个重要的因素。例如，如果目标机器不能以一致的方式支持各种数据类型，那么对每一种例外都需要进行特殊的处理。

特殊机器指令的使用和指令的速度也是指令选择时需要考虑的重要因素。如果不考虑目标程序的效率，则指令选择非常简单，针对每种类型的三地址代码，设计出它的框架即可。例如，如果 x、y 和 z 都是静态分配的变量，则可以将每个形如 x:=y+z 的三地址代码翻译成如下的指令序列：

```
MOV y, R0
ADD z, R0
MOV R0, x
```

但是这种逐条语句的代码生成方法往往只能产生质量低下的目标代码。由于目标代码的质量取决于它的执行速度和长度，而指令集丰富的目标机器可能提供多种方法来实现同一操作，不同的实现方法的开销可能不大相同。因此，中间代码的简单翻译可能生成正确但是效率低的目标代码。例如，如果目标机器有加 1 指令 inc，则 a:=a+1 的最有效实现是 inc a 而不是下面的代码序列。

```
MOV a, R0
ADD #1, R0
MOV R0, a
```

指令选择的一般原则是尽量减少目标代码的指令数目(即提高空间效率)和缩短运行的时间(即提高时间效率)。当然，很多时候可能并不能同时满足这两个指标。

11.1.4　寄存器分配

将运算对象放在寄存器中的指令通常要比将运算对象放在内存中的指令快，因此，要想生成高质量的目标代码，必须充分使用目标机器的寄存器。寄存器的使用包括以下两个方面。

(1)寄存器的分配。为程序的某一点选择驻留在寄存器中的一组变量。

(2)寄存器的指派。确定变量将要驻留的具体寄存器。

选择最优的寄存器指派方案是一个 NP 完全问题，如果考虑到目标机器的硬件和(或)操作系统对寄存器的使用约束，该问题还会进一步复杂化。

11.1.5 计算顺序的选择

计算执行的顺序同样会影响目标代码的效率。从后面的讨论中将会看到，某些计算顺序比其他顺序需要较少的寄存器来保存中间结果，因此其目标代码的效率也就高些。

选择最佳的计算顺序也是一个 NP 完全问题。为了简单起见，本书仅讨论如何按照给定的三地址代码的顺序生成目标代码。

11.2 常用的代码生成器的开发方法

由于代码生成部分与目标计算机硬件的结构紧密相关，这引发了代码生成的可移植性及自动生成算法的研究，这无论在理论上还是在实际上都相当困难。然而，尽管如此，从 20 世纪 70 年代以来，编译领域的研究者在代码生成方面做了大量的研究工作，并取得了一定的研究成果。下面简单介绍目前常用的三种代码生成的开发方法。

11.2.1 解释性代码生成法

解释性代码生成方法是建立一个代码生成专用语言，用这种语言以宏定义、子程序等形式描述代码生成过程。通过这些宏定义和子程序把中间代码语言解释成目标代码。这种方法使机器描述与代码生成算法结合在一起，与机器的联系直接反映在算法中。机器描述是通过过程的形式提供的，如采用把源程序映像成两地址代码序列的方法进行代码生成，对加法的代码生成算法如下：

```
macro ADD x, y
if type of x=integer and type of y=integer then IADD x, y
else if type of x=float and type of y=float then FADD x, y
else error
```

其中含有对 IADD 与 FADD 的宏调用，已生成目标机上的整数和浮点数加法指令，如对 INM360 机，IADD 可写为

```
macro IADD a, b
from a in R1, b in R2
emit (AR a, b) result in R1
from a in R, b in M
emit (A a, b) result in R
from a in M, b in R
emit (A b, a) result in R
```

在上例中宏 ADD 包含着实际的代码生成算法，IADD 和 FADD 的任务是发出机器指令，相对来说 ADD 较独立于机器，而 IADD 和 FADD 才是真正与机器相关的。因此，当

把一个编译程序移植到一台新机器上的时候，IADD 和 FADD 必须重写，而 ADD 却可以保持不变。这种方法的局限性在于：

(1)机器指令的多样性、寻址方式、指令的差异等给中间代码的设计带来困难；

(2)代码生成语言与机器密切相关，可移植性受到限制；

(3)目标机器上的描述与代码生成算法混在一起，当描述改变时，势必导致算法的改变；

(4)需进行指令的选择、指令的排序等底层的烦琐工作，产生的目标代码质量依赖于设计者的经验和能力；

(5)代码生成的视野有限，虽然可进行一定范围的优化，但对协调上下文有关的优化比较困难。

11.2.2　模式匹配代码生成法

模式匹配代码生成法，是把对机器的描述与代码生成的算法分开。而对于在解释性代码生成方法中所需要做的繁重的、具体的分析工作由模式匹配来完成。也就是建立一个代码生成用的机器描述语言，用以形式描述目标及其资源、指令及其语义等有关信息。代码生成程序根据这些信息，自动地把中间语言程序翻译成目标机的汇编语言或者机器代码。然而，在这种方法中，需要通过形式描述的模式如实地反映机器的特性，这并不是一件容易的事，而且进行模式匹配时耗费时间很长，其代码质量也不太理想。

11.2.3　表驱动代码生成法

表驱动的代码生成方法，实质上是模式匹配代码生成方法的进一步自动化。它是模仿从语法描述构造表和表驱动的语法分析方法。

首先，把对目标机的形式化描述进行预加工转换成代码生成表，用表驱动的代码生成程序，来驱动代码生成表；然后，把中间语言的内部表示翻译成目标机器上的汇编代码。也就是说，它是用一个代码生成程序的生成器自动地构造一个代码生成程序。这种表驱动的生成方法的优点是：容易使用和修改，并且能较容易地为不同的计算机构造适合于它们的代码生成程序。这样能够增强编译程序的可移植性和灵活性。然而，它所生成的目标代码的质量依赖于机器描述的完善程度。最好的方法是用形式化方法完善地描述一台计算机，但这并不是一件容易的事，因而这种方法有待进一步的改进和完善。

比较上述三种代码生成方法，解释性代码生成法比较容易达到目标代码的质量要求，代码生成算法有效，但是可移植性方面较另外两种方法差；模式匹配代码生成法可以达到较好的一致性，但要生成高质量的目标代码及高效率的算法，则较前者困难；表驱动代码生成法能够达到较好的可移植性，它实际上是代码生成程序的生成程序，真正实现了代码生成的自动化，但这种方法尚不成熟，有待进一步完善。

习　题

11.1　标识符是高级语言中重要的概念。经过编译程序，高级语言程序最终将被编译成目标代码程序。请问在目标代码程序中，是否仍然使用标识符？为什么？

11.2　目标代码有哪几种形式？各有何特点？

11.3　对于赋值语句 V:=A+B-(E-(C+D)) 生成的中间代码序列如下：

```
T:=A-B
S:=C+D
W:=E-F
U:=W/T
V:=U-S
```

其中 V 是基本块出口的活跃变量，假设 R0，R1 是可用的寄存器，请给出目标代码序列。

运作（Operate）

第 12 章　寄存器分配

12.1　寄存器分配概述

寄存器是有一定存储容量限制的高速存储部件，它可以用来暂存指令、数据和位址。寄存器是中央处理器内的一个重要组成部分，在中央处理器的控制部件中，包括的寄存器有指令寄存器(IR)和程序计数器(PC)。在中央处理器的算术及逻辑部件中，包括的寄存器有累加器(ACC)。相对于普通内存来说，寄存器存在很大的不同，主要表现在：①寄存器是 CPU 内部的部件，它成为系统获得操作资料的最快速途径。而内存是 CPU 的外部部件。②由于 CPU 内空间限制和制作工艺昂贵，一般来说寄存器数量较少。可以用几比特直接定位一个寄存器，而内存的空间大了很多。内存的定位一般是通过间接的"寻址方式"。③寄存器的访问速度很快。在一个周期内，可以同时读两个寄存器，写第三个寄存器。内存则要慢一些，一次访问就需要几个周期。为了高效、合理地利用寄存器资源，在编译优化技术中专门提出"寄存器分配"技术，其目的就是解决寄存器分配时的冲突问题，更高效地重用寄存器。

先看如下例子。根据编译原理，程序中一个表达式的计算过程需要通过一定数量的临时寄存器不断迭代完成，如表达式 V1=V2＋V3*V4 的计算过程为

    R1=V4
    R2=V3*R1
    R3=V2+R2
    V1=R3

其中 R1、R2、R3 均为寄存器。

上述简单程序表达式使用到三个临时寄存器，如果按照每个 CPU 具有 1K 的寄存器来设想，那么使用现有寄存器来处理这个简单程序应该是绰绰有余了。然而，现实世界中往往遇到更为复杂的需求，计算机中的硬件寄存器却很少，很难想象复杂程序需要多少寄存器。因此，寄存器分配的首要任务是尽可能减少程序中寄存器的使用数量。其次，寄存器分配应尽量使数值存储在寄存器，减少数值在存储器和寄存器之间的移动开销。这是因为寄存器中的数值操作比存储器中数值的操作更快。同时，寄存器分配还应具有指令精简的功能，如 move 指令，在条件满足的情况下，可以为 move 指令的源操作数和目的操作数分配同一个寄存器，这样就可以删除这个 move 指令。

12.2　寄存器分配图染色法

现实世界的复杂性使得设计一个好的寄存器分配总是很困难。优秀的分配器方法需要能很好地应对复杂程序和稀少寄存器的局面。寄存器分配方法中最常用的方法是图染色法，最早是由柴廷(Chaitin)在 IBM 的约克城高地(Yorktown Heights)研究中心和同伴提出的，实现了一个基于图染色理论的全局的寄存器分配器，后来，莱斯(Rice)大学的布里格斯(Preston Briggs)对 Chaitin 的算法进行了扩展和改进。

图染色算法的基本原理是将寄存器分配抽象为图染色问题。采用这种方法的好处是寄存器分配问题和图染色问题都是 NP 完全问题，但是图染色问题存在一种线性时间近似算法解，如此就简化了寄存器分配问题。

在考虑图染色问题时，在地图上为不同行政区划的相邻区域染上不同的颜色，把变量抽象为图中的一个区域，区域简化为点，而把变量生存期相交抽象为区域相邻，区域相邻简化为线相连。生存期相交需要满足下列条件：①两个生存期都被赋值；②两个生存期都会被使用；③两个生存期的值不同。

一个图染色过程可以用下面的一个过程来描述，假设图 G 中有一个结点 m，它的邻接结点的个数少于机器的寄存器个数 k，去掉结点 m 及与其相连的边后得到图 g，若图 g 能用 k 种颜色染色，那 G 也可以。因为与 m 相邻的结点至多是 k-1，所以当 m 加入图 g 中，至少还有一种颜色可以用。根据这个思想就可以得到一种简化图的递归算法，即重复地删除满足条件的结点，因为删除结点的同时也删除边，所以创造了更多的简化机会，对于不满足条件的结点就做溢出(spilling)处理，把其换出放到存储器。

通常将寄存器分配可以分为几个阶段，分别是：识别生存期(discovering live ranges)、构造冲突图(building interference graph)、简化(simplify)、选择(selecting)、染色(coloring)、溢出(spilling)，如图 12.1 所示。

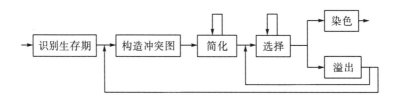

图 12.1　寄存器分配图

图 12.1 各阶段作用的解释如下。

(1)识别生存期。

通常函数或者文件域内包含多个变量，每一个变量又可能存在多次不同读写操作，为了更好地利用寄存器分配算法，得到一个恰当的生命期长度，需要把变量的每次操作看作一个生命期，因为过长的生命期可能影响染色。

此外，识别生命期还需要找到重复生命期，并将他们合并。在这个过程中需要得到各个 def-use 链。一个 def-use 链表示一个寄存器的赋值和使用的串接。如果几个链共享一个使用，则意味着这几个链可以合并。

（2）构造冲突图。

邻接矩阵可以用来表示冲突图，对源码的两遍扫描就可以完成对冲突图的构造。第一遍扫描得到变量个数，构造矩阵并且清零。第二遍扫描利用数据流分析方法，计算每个程序点活跃的临时变量集。集合中任意两个结点都是生存期相交的，即两点之间有连线，在邻接矩阵中把相应位置设为 1，需要对程序中每一个点重复这个过程。

（3）简化。

原始的冲突图需要简化。在冲突图中，随机选择结点 m，若结点 m 的邻接点个数小于机器寄存器个数 k，则 m 结点被从图中移出压入栈中。否则做溢出处理，或者直接压入栈中，在这个简化过程中先预设这个被压入栈中的结点将来不会与图中余下结点发生冲突，在选择阶段才决定这个结点是否溢出。

（4）SCS 阶段，即选择、染色、溢出阶段。

此处将寄存器分配第三种措施（选择、染色、溢出）放在同一个阶段，因为根据布里格斯对 Chaitin 的改进算法，把决定是否溢出放在选择，染色阶段可以消除一些无谓的抛出。在某结点 m 的邻接结点个数大于或等于机器寄存器个数 k 的情况下，其邻接结点可能只使用 k-1 种颜色，因为这些邻接结点可能较松散。SCS 阶段的过程为：从栈中弹出一个结点，若能染色则直接选择一种颜色，否则将其溢出，并且改写程序。在每次使用这个变量之前要把变量从存储器读出，在给这个变量赋值后又要把这个变量写到存储器，于是就把这个变量改写为几个具有较小活跃范围的临时变量。

有如下程序。

临时变量生存期如图 12.2 所示。其中右边 s 加数字表示临时变量，线表示变量生存期，虚线表示在这段程序中变量只出现一次，不能确定其准确生存期。

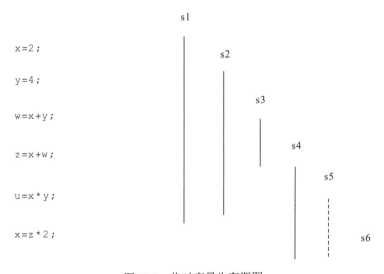

图 12.2　临时变量生存期图

用临时变量表示这些表达式为

    s1=2;
    s2=4;
    s3=s1+s2;
    s4=s1+s3;
    s5=s1*s2;
    s6=s4*2;

用冲突图(图12.3)表示临时变量之间的关系。

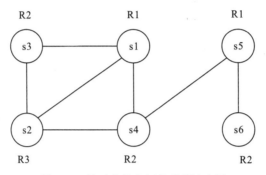

图 12.3 临时变量之间关系的冲突图

通过冲突图就可以得出染色情况，即需要的寄存器个数。如图 12.3 所示，只需要三个寄存器(R1、R2、R3)。由此可以得到寄存器分配后程序实际执行的过程为

    R1=2;
    R3=4;
    R2=R1+R3;
    R2=R1+R3;
    R1=R1*R3;
    R2=R2*2;

通过寄存器分配处理后，原来需要 6 个临时寄存器的程序段现在只需要 3 个寄存器。

12.3　合　并

12.1 节提到寄存器分配可以精简指令，只要条件满足，move 指令可以被删除，这个条件就是在冲突图中，move 指令的源操作数和目的操作数不存在冲突。这种在冲突图中把不存在冲突的两个结点合并为一个结点的过程就是合并(coalescing)。合并除了具有精简指令的功能，适当的合并还有利于染色。

在合并中，合并后结点的相邻结点是原来两结点相邻结点的并集。合并后，原来两结点出现位置都用新结点替换。例如，有两个生存期 I1 和 I2，合并后的生存期为 I12，则所有 I1 和 I2 都用 I12 替换(图12.4)。

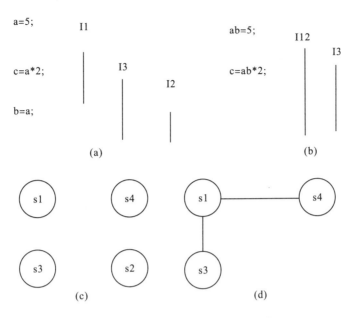

图 12.4　结点合并和生命周期变化图

如图 12.4 所示，a 的生存期 I1 和 b 的生存期 I2 都和 c 的生存期 I3 冲突，把 a、b 合并为 ab 后，ab 替换所有 a、b，则第三条指令为自己赋值给自己，可以删除，得到三条指令。替换后，还必须更新冲突图，可以看出冲突域和指令都发生了变化。此例中，删除了一个赋值指令，冲突域由原来 I3 与 I1 和 I2 的冲突变为 I3 与 I12 的冲突。实际上，合并除了能删除无谓的赋值语句，还在过程调用的参数处理、特殊机器指令的处理中具有重要作用。

如此看来，可以合并任意一对没有冲突的结点，结点的无限合并可以删除很多传送指令。但不幸的是，在一些情况下，冲突图是可 k 染色的，合并之后却是不可 k 染色的。所以，合并必须保证染色的安全性，即合并之后要保证冲突图至少是可 k 染色的。有两种安全的合并方案，分别是 Briggs 和 George 的算法。

Briggs 算法：当结点 x、y 合并后的结点 xy 的邻接结点的度数小于机器寄存器个数 k 的时候，x、y 可以合并而不影响染色安全性。根据染色过程，只要结点 m 的邻接结点个数小于 k 就可以把其压入栈中进行简化，当合并后的结点 xy 邻接结点小于 k 时，xy 同样可以被简化而不影响染色。

George 算法：对于欲合并的结点 x 和 y，在两个条件下 x、y 可以合并为 xy 而不会影响冲突图的染色安全性。这个两个条件分别是：①x 的所有邻接结点已经和 y 冲突；②x 的所有邻接结点为度数小于寄存器个数 k 的结点。设 x 的所有邻接结点的集合是 N，在 N 中结点和 y 有连线情况下，当 x、y 合并为 xy 后，xy 的邻接结点个数不会大于 x 或者 y 的邻接结点个数。当 N 中结点度数都小于 k，在合并之前，简化处理 N 之后得到图 G1，合并之后简化处理 N 得到图 G2，则有 G2 大于 G1，用 M 集合表示与结点 y 邻接的结点，如图 12.5 所示。

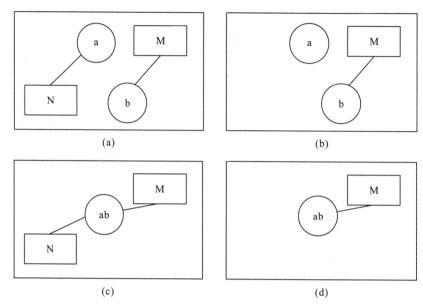

图 12.5　George 算法结点合并图

　　在合并中传送指令的删除和染色的安全性从某种角度来说是矛盾的,通过无限合并来达到删除传送指令会导致染色安全性问题。上面所述的两种合并方法都是以染色安全为前提的,即这两个算法是保守的合并算法。

　　引入合并步骤后,寄存器分配的过程如图 12.6 所示。

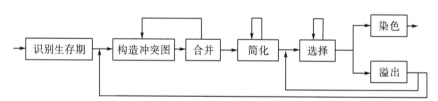

图 12.6　引入合并后的寄存器分配主要步骤图

　　对寄存器分配的主要步骤总结如下:首先识别变量的生存期,因为过程中涉及传送指令的合并,所以把生存期分为传送有关和传送无关;根据得到生存期构造冲突图,同时按照合并条件进行合并,后又反向调整冲突图,直到不可再合并;简化过程中把邻接结点度数小于寄存器个数 k 的结点压入栈中,对于度数大于 k 的结点标记为可能溢出,同时压入栈中;从结点栈中从栈顶开始弹栈,弹出的结点可能有两种处理路径,即染色或者溢出,溢出的生存期要修改代码,添加 store 和 loard 指令,同时修改冲突图。

12.4　预着色的结点

　　在指令执行过程中,有一些特殊寄存器被用来完成特定的任务,如堆寄存器、参数传递寄存器等。在染色方案中,颜色就代表一个寄存器,程序中使用特别寄存器的变量生存期结点应该分配一种固定的颜色，这就是预着色的结点。与寄存器的特定功能对应，在识别变量生存期中，需要为这些使用特定寄存器的生存期定义特定的临时变量。

实际上其他普通的临时变量可以和这些特定的临时变量分配同样的颜色，前提是它们之间没有发生冲突。只要这些特定的寄存器没有被显式地使用，对应的临时变量就不会与其他临时变量冲突，其颜色就可以分配给其他临时变量。因为，使用过的临时变量都会有一个生存期，其他在这个生存期范围内的临时变量都会与其冲突。

根据特定临时变量只可以使用特定的寄存器的原则，可以得到这些特定的临时变量既不可以为它们随意指派颜色，也不可以把它们溢出，因为它们代表的是机器寄存器，而不是逻辑上的临时变量，所以可以认为这些特定的临时变量的度是"无限大"的。

根据染色方案的过程，对冲突图进行简化、合并操作直到只剩下预着色的点后，才向图选择加入其他结点。因为预着色的结点不能溢出，所以其他普通临时变量要使用特殊的寄存器必须减小特定寄存器的生存期，可以通过临时副本的形式来暂存特定临时变量的值，以使特定的寄存器可以被使用。比如一个特定寄存器 r，在程序的 p1 点和 p2 点要被使用，就可以把 r 的值用 mov 指令暂存在临时变量 t 中，则在 p1 和 p2 之间就可以用 r 寄存器，如图 12.7 所示。

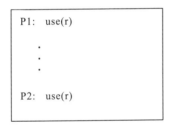 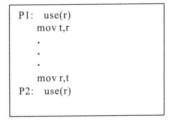

图 12.7　mov 指令中使用临时寄存器图

因为为机器寄存器构造临时副本会增加 mov 指令，所以应该尽量避免。一般对于跨过程活跃的变量应该看作被调用者保护的寄存器中，因为把它当作被调用者保护的寄存器只需要进行一次临时副本的创建；而对于跨过程不活跃的变量和临时变量应该看作调用者保护的寄存器，因为作为调用者保护的寄存器不需要构建临时副本。

12.5　图着色的实现

在寄存器染色的过程中，可能要频繁地查询冲突图的数据结构，主要查询的内容包括：①某个结点的所有邻接结点；②某两个结点是否相邻。

图通常有两种数据结构可以表示，一种是邻接矩阵，另一种是邻接表。对于邻接矩阵很容易查询与某个结点相邻的结点，但对于判断两个结点是否相邻，当结点很多时却需要很长的遍历。与此相反，邻接表适合于判断两个结点是否相邻，但不适合第一种查询。为了提高效率，通常将这两种数据结构结合起来表示冲突图。

除此之外，在染色的简化和合并阶段，需要结点的度数和与结点相关的传送指令，所以在现实中可以为结点设置两个计数器，分别记录结点的度数和与结点相关的传送指令。在简化和合并阶段只需直接获得结点的相关参数就可以决定是否移除结点或者判断结点是否是传送有关的。为了达到更高的效率，在实现中往往还要维护几张工作表，它们分别是：

(1)有可能合并的传送指令表；

(2)高度数结点表；

(3)低度数传送无关结点表；

(4)低度数传送有关结点表。

机器寄存器(预着色的结点)的邻接表可能会很大，因为在使用预着色结点的程序点可能有很多活跃的结点，而这些结点与这个预着色的结点都冲突。然而，并不需要表示预着色结点的邻接表，因为只有选择阶段和合并阶段才使用邻接表，但这些阶段却不作用于预着色的结点。

在简化过程中会影响有可能合并的传送指令表，所以要不断更新这个表。当结点 a 的度数发生变化时，与其相邻结点传送指令要加入可能合并的传送指令表中。因为，原来由于合并后会成为高度数的结点现在可能可以合并。在下列两种情况下传送指令可以加入表中：

(1)在简化过程中，删除结点 a 导致其邻接结点 b 的度数发生变化，所以要把与结点 b 相关的传送指令加入表中；

(2)在合并结点 a 和 b 后，如果存在一个与 a、b 都冲突的结点 c，合并之后 c 和合并之后的结点冲突，c 的度数减下了，和结点 c 相邻的结点有关的传送指令要加入可能合并传送指令表中。另外，在 a 和 b 都与 c 冲突的条件下，若 a 或者 b 又是高度数的结点，则与结点 c 相关的传送指令也要计入表中。

12.6　针对树的寄存器分配

针对树的寄存器分配首先要用各变量的生存期建立树形结构，然后再遍历树的各结点，为每个结点分配寄存器。树中的结点是一个块，其中一个变量可能有多个生存期，即一个变量分配多个寄存器。在一些编译器中树结构寄存器分配已经得到应用，特别是在没有溢出的时候其效果最好，树的寄存器分配系列包括静态单一分配(static single assignment，SSA)，线性扫面(linear scan)和局部寄存器分配(local register allocation)等。此处介绍微软公司的一种对有弦图(chordal graph)的寄存器分配方法。因为有弦图可以在线性时间内得到最少寄存器分配。

有弦图的定义为：如果图中的每个回路中都有弦，而且这个弦不是回路的一部分，但却连接回路中的两个结点，这种图就是有弦图，如图 12.8 所示。

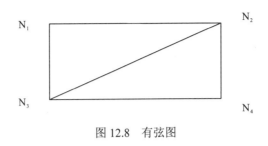

图 12.8　有弦图

$N_1N_2N_3N_4$ 的回路中还有 N_2N_3 弦。

已经发现，SSA 格式的程序的冲突图可以转化为有弦图，同样线性扫描和局部寄存器分配都是基于有弦图的。所以，其实有弦图的寄存器分配方法比这几种图分配方法都更优，具体为：

(1) 更多的解方法；

(2) 更能反映数据流结构和轮廓信息；

(3) 更简单，更高效。

有弦图的寄存器分配如图 12.9 所示。其中，a=⋯，b=a⋯等操作表示变量之间的运算，B 表示一个块（Block）。

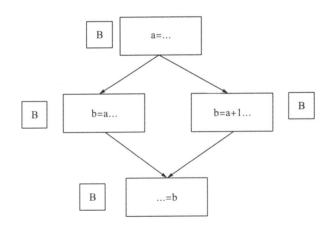

图 12.9　有弦图的寄存器分配图

图 12.9 有弦图的寄存器分配方法具体分为三步：树形化（tree formation），染色（coloring），连接数据流（connecting dataflow）。

(1) 树形化。

代码块及其中的变量生存期被映射到树中，在映射中没有任何额外的要求，任何代码块可以做其他块的父亲，这不影响对错，只会影响代码的质量。当一个变量有多个生存期时，需要保证每个生存期接一个子树，也就是要满足每个生存期只跨一个生存期的条件。

(2) 染色。

染色过程用 MCS-based（maximum cardinality search）算法，这个算法遍历树的每条路径，然后根据每个生存期的启动顺序去染色每个生存期。其算法描述为：

```
COLOR(Block, Active, R):
1:          for each lifetime l in increasing order of start time,
2:                     l ∉ Active and l starts from Block, do
3:              for each lifetime l' ∈ Active do
4:                  if l' ends before the start of l then
5:                      Active ← Active - {l'}
6:                      R   ← R ∪ {REGISTER(l')}
7:              REGISTER(l) ← Select a register r from R
8:              Active      ← Active ∪ {l}
9:              R       ← R - {r}
10:         for each child C of Block do
11:             COLOR(C, Active, R)
Notation: REGISTER(x): the register assigned to lifetime x
(b) The MSC-based algorithm for coloring a tree
```

(3) 连接数据流。

一个变量可能有多个生存期，这些生存期可能分配不同的寄存器，但是一个变量的值是存在连续关系的，所以需给分配了不同寄存器的变量加入中间结点以变现其连续的数据流关系。以下给出一个实例以帮助读者理解。

图 12.10 所示为基于图 12.9 的示例，描述控制流图(CFG)以及它生成树的生命周期图解。其中 a=⋯，b=a 等操作表示变量之间的运算，B_1，B_2 等表示分配的寄存器，Tree 是树。

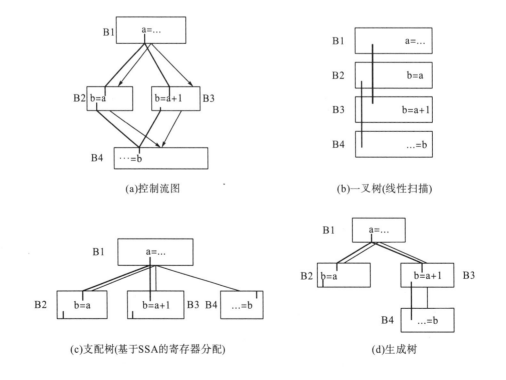

(a)控制流图   (b)一叉树(线性扫描)

(c)支配树(基于SSA的寄存器分配)   (d)生成树

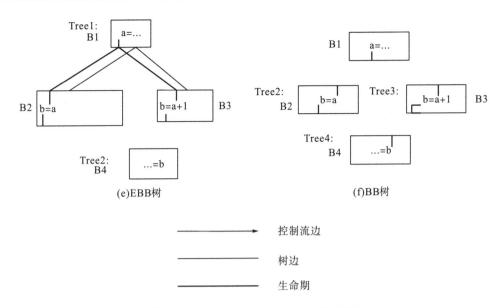

(e)EBB树　　　　　　　　　　　　　(f)BB树

———————→　控制流边

———————　树边

━━━━━━━　生命期

图 12.10　CFG 以及由它生成的树的图解

习　题

12.1　寄存器在编译过程中起什么作用？它与普通内存有何不同？

12.2　寄存器分配图染色算法思想是什么？它是一个 NP 完全问题吗？

12.3　寄存器分配包括哪几个阶段？各阶段有何特点？

12.4　寄存器分配中有哪几种安全的合并方案？

12.5　设存在一段程序，如下：

　　　R1=5；

　　　R2=8；

　　　R3=R1+R2；

　　　R4=R1*R2；

　　　R5=R1+R3；

　　　R6=R2*R4

请画出临时变量生存期图，并画出临时变量之间关系的冲突图。

第13章 垃圾回收

13.1 垃圾收集概述

垃圾内存通俗地说就是无用或者不想要的东西。垃圾内存可分为两种：一种是通过程序变量指针不可达到的内存，另外一种是虽然这个内存可以访问，但是自此之后程序不会再访问了。这些垃圾内存应当及时被回收，以便分配给新的变量，回收垃圾内存的过程就是垃圾回收(garbage collection)。

为了进行垃圾内存回收，需要知道哪些内存没有被使用(即不活跃)，然而，判断一块内存是否是活跃的是困难的，所以通常垃圾回收需要在程序动态运行中进行。同时，在编译时要考虑尽量减少可访问但却不活跃的内存；但也不是一点不要，有时也要保留一些可访问的但却不活跃的堆内存。以下举一个需要进行垃圾回收的程序实例，如图13.1所示。

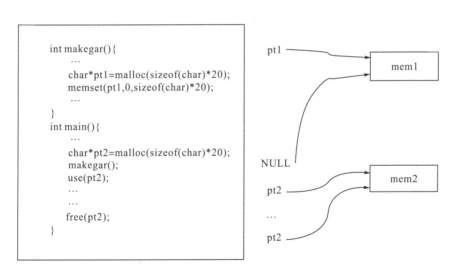

图 13.1　需要进行垃圾回收的程序实例图

图13.1中pt1在函数main中不能访问，因为在makegar函数中没有释放mem1，所以mem1成为不可访问的垃圾内存。Pt2指向内存mem2在使用一次后很久才释放，在这期间成为不想要的内存，即不活跃的内存，为第二种垃圾内存。所以mem1和mem2都是应该回收的垃圾内存。

13.2　引　用　计　数

13.1 节介绍了垃圾回收的相关概念，从本节开始介绍垃圾回收的过程。处理不可用或无用的内存，通常想到的方法是遍历内存，标记使用的内存，没有标记的内存就是需要回收的内存。这种方法需要进行内存深度搜索，搜索的代价正比于总内存大小和可访问内存的大小。当没有额外内存进行分配的时候就需要进行内存回收，之后才能继续执行程序，这种方法效率较低，需要额外的垃圾回收过程。现在引入一种更好的方法，称为引用计数。

引用计数的基本思想是为每一块内存区设定一个引用计数位，当内存区的引用计数位为零时就回收内存区。具体做法为，当 p 指向内存区 m 时，m 的引用计数增加 1，同时 p 指向的原来的内存区减少 1，当某块内存区的引用计数减少为 0 时，这块内存就存入空闲表，并且减少该块内存指向的其他内存区的引用计数。上述方法似乎既简单又可行，但是引用计数存在两个主要问题。

(1) 如果垃圾内存构成环，则环中每一块内存的引用计数都是 1，它们不能被加入垃圾回收的链中，同时又不能通过程序中变量访问这些垃圾内存，如图 13.2 所示。

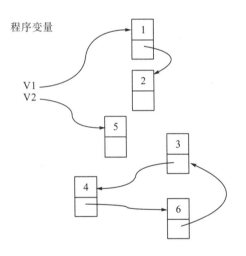

图 13.2　存在环状的垃圾内存图

如图 13.2 所示，3、4、6 就构成了一个环，它们的引用计数都为 1，都不能被程序变量所访问，也不能加入垃圾回收链中，它们不能被正常回收。

(2) 每次内存引用计数器变化时，编译器都需要加入额外的指令，例如，有内存块 m1，其引用计数为 c1，内存块 m2，其引用计数为 c2，引用指针为 p，指向 m1，当 p 从 m1 指向变为指向 m2 时，涉及 c1 自减，c2 自加，这就会加入很多额外的指令，降低效率。

解决这个问题的常用方法是对一个域内的所有计数器的变化归结到一次变化上来。对于内存块环的问题，一般需要程序员显式地解开所有的环。除此之外，还可以把内存搜索标记的方法与引用计数的方法结合起来使用。

13.3 复制式收集

有向图可以用来抽象描述可访问内存。在有向图中，内存块是图中结点，图中的有向线段表示内存块的指针，程序变量在图中表现为根。复制式垃圾回收的思想为，遍历可访问内存块图，在堆中新区域建立内存块图的副本。根指向副本，副本与原图同构，且副本图内存连续分配。图 13.3 表示复制式垃圾回收。

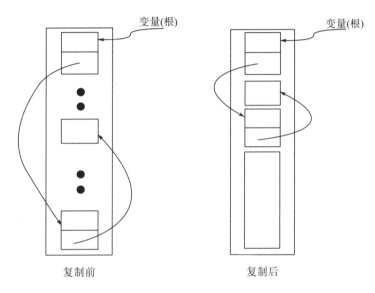

图 13.3 复制式垃圾内存回收

从图 13.3 可以看出，复制后，原来存在内存碎片的区域被合并到一起，这些被合并到一起的区域就可以被分配给其他变量，减少垃圾内存，起到垃圾回收的作用。

复制式收集，其实是一个指针传递的过程，从根开始遍历，把数据复制到新的堆区域，并且让指针指向新区域的正确位置。收集之前需要进行初始化，以一个指针 p 指向新区域的开头，然后遍历内存有向图，得到第一个内存块就复制到 p 指向的位置。这个过程中可能遇到三种类型的指针。

(1) 如果某指针 pt 指向一个还没有复制的内存块，则把它复制到 p 指向的新内存块，同时把新位置信息存储在 pt 指向内存块的一个转递指针 pd 内。因为原来内存块已经有副本，所以其内的数据是可以被更改的。

(2) 如果某指针 pt 指向一个已经复制了的内存块，则其内一定有一个指针 pd 指向其副本的位置。

(3) 如果某指针 pt 指向内存在垃圾回收区域之外，后者 pt 不是指针，则不作任何处理。

通常的做法是用宽度优先算法遍历内存块图，把得到的需要复制的内存块复制到 pt 指针指向的位置，举例如图 13.4 所示。

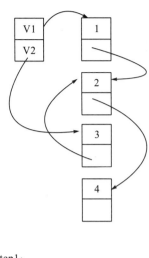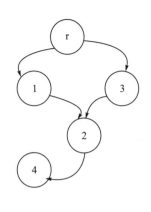

Step1:

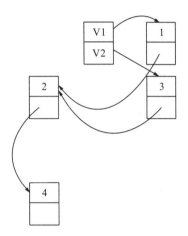

Step2:

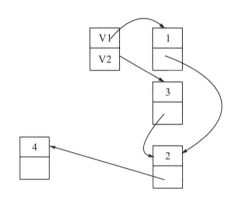

Step3:

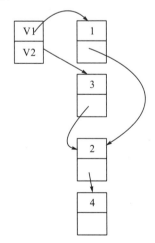

图 13.4　基于宽度优先的复制式垃圾回收

如图 13.4 所示，Step1 是初始化，将指针指向回收内存块，V_1 和 V_2 是存储指针。Step2 是宽度优先算法遍历内存块的树形图展示。Step3 按照宽度优先算法将内存碎片区域拼接在一起，这些合并拼接的区域可以进行内存分配，从而减少垃圾内存和实现垃圾回收的作用。

采用宽度优先顺序复制存在引用局限性的问题，即一个内存块 m1 指向内存块 m2，但是 m1 和 m2 之间可能相差很远。同时，在 m1 附近的内存记录可能与 m1 内的记录没有任何关系。在具有虚拟存储器和高速缓存的计算机中，由于缓存应用了程序局部性原理，所以宽度优先搜索会导致效率降低。

与宽度优先搜索相比，深度优先搜索能取得更好的效果，但是深度优先搜索算法需要逆转指针，这会降低效率。所以，通常的做法是把宽度优先和深度优先结合起来。

13.4　分　代　收　集

在程序的运行过程中，一些内存可能刚开始被分配使用，很快又会被释放，但是存在一些内存在多次垃圾回收之后都是可访问的和有用的，所以为了减少对那些一直被使用内存的处理开销，必须对内存进行分类。通常，按照内存被分配使用的时长把内存分为不同的"代"，针对不同"代"进行不同垃圾回收处理的方法就是分代垃圾收集。

为了描述方便，定义不同"代"的内存为 g0，g1，g2，…，其中 g0 为最新代，越往后的"代"其在内存中一直被使用的时间越长。为了回收 g0，需要从程序变量开始遍历 g0 内存，同时还需要知道 g1，g2，g3，…代中指向 g0 的指针。如果这种指针太多，处理不当就会导致对 g0 的垃圾回收，却要遍历大部分其他"代"内存。

但是，根据程序设计的特点，当定义一个内存区后，一般要先进行赋值或者初始化，或者在新一"代"中定义指针指向老一"代"内存，所以很少出现老一"代"内存指向新一"代"内存的情况。只有在当一个变量定义很久之后，才使变量的某个域指向新定义的一个内存区。虽然老一"代"指向新一"代"的情况很少，但这种情况会很大程度上降低效率，所以需要特别的方法来处理。通常的方法为，在编译过程记录这些老"代"内存指向新"代"的情况，有如下几种记忆法。

(1) 记忆表。

在编译过程中，对老"代"和新"代"的指向关系赋值做记录，把老"代"标示放入记忆表中，在对新"代"的回收过程中，只需遍历记忆表即可。

(2) 记忆集合。

和记忆表原理相同，记忆集合与记忆表的区别是，在老"代"内存中专门设置一位来标示这个老内存已在记忆向量中，避免多次引用。

(3) 卡片标记。

为了加快搜索速度，把内存分为 2^k 大小的卡片，对象可以占一张卡片，也可以只占卡片的一部分。当有一个地址 a 被赋值后，包含地址 a 的卡片被标记。

（4）页标记。

页标记和卡片标记原理相同，区别在于卡片大小和页大小相同，则用虚拟存储器系统来完成标记过程。当更新某地址 a 时，包含地址 a 的页设置脏位（dirty bit）。

分代收集具体实例如图 13.5 所示。

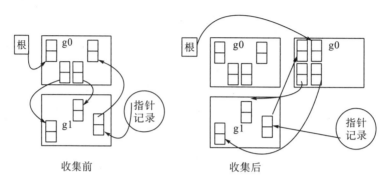

收集前　　　　　　　　　　　　　　　　　收集后

图 13.5　分代垃圾回收图

粗线箭头标示的为老"代"向新"代"的指向。

左图为收集前 g0 表示老"代"，g1 表示新"代"。右图为收集后，通过对比老"代"g0 和新"代"g1，进行记忆集合并放入记忆表。

13.5　增量式收集

通过上面的几种垃圾回收方法的讲解可以知道，垃圾回收总会占用 CPU 时间，尽管这个时间很小，但是偶尔会出现因为垃圾回收而长时间阻断程序执行。在实时性要求很高的程序中，这种微小的影响也是不能容忍的。为了尽量减小这种影响，引入一种把垃圾回收同程序执行并发操作的方法，这种方法可以避免程序的长时间中断，这就是增量式垃圾回收的方法。

为了进一步阐述垃圾回收的方法，先介绍几个术语。

变异器：在程序执行过程中，由于有内存申请、内存释放等各种内存访问的发生，可达到图不断变化，抽象这个过程为变异器。

回收器：抽象垃圾回收过程为回收器，在增量式垃圾回收中，回收器的执行是根据变异器的需要进行的，即回收器的运行是穿插在变异器之中的，这能尽可能减小回收器对程序执行的影响。

以下是内存的三色标记定义。

白色：用深度优先算法或者广度优先算法进行搜索时，还没有处理过的内存。

灰色：那些已经被访问过，但是其儿子还未遍历过的对象。

黑色：那些已经被访问过，且儿子也被标记过的对象。

在各种垃圾回收算法中，最重要的就是高效地遍历内存，得到要回收的垃圾内存块。

而遍历的实质就是把内存从白色变为灰色，从灰色变为黑色的过程。白色中可能存在垃圾内存，黑色是已经确定可访问的内存，而灰色是处理过程中的中间状态。同理，内存从白色变为灰色会被移入处理栈中，从灰色变为黑色会从处理栈移出。用类 C 语言描述这个过程为：

```
1:              for (; exist(灰色内存); ),
2:              p=select(灰色内存)
3:                  for (; c=getchild(p); )
4:                      if (c 是白色)
5:                          把 c 涂为灰色
6:                      把 p 涂为黑色
```

这个算法的执行有两个条件：

(1) 所有的灰色对象都在回收器中，即回收器可得到全部的灰色对象；

(2) 不存在黑色对象指向白色对象。

有很多增量式算法，如 Dijkstra 算法、steele 算法、boehm 算法、baker 算法、appel 算法都遵循这两个条件。其中前三个算法通过编译器在内存写时的检查来保证这两个条件，最后两个算法是通过每次读数时的检查来保证条件，前面提到的记忆表、记忆集合、卡片标记、页标记这些算法都是通过写来保证算法。

同时，回收器必须与编译器同步，然而显式地插入同步指令的代价是很大的。在有虚拟存储器的硬件中，可以使用页失效来实现同步，当编译器失去了对页的访问时，操作系统会在这个页被回收器处理之前，避免其他进程访问页。

13.6　编译器接口

支持垃圾回收的语言编译器通过垃圾回收的根结点的位置描述和堆中数据记录的布局描述与垃圾回收器相互作用。对于一些具有增量式收集功能的编译器，还必须产生写保证和读保证指令。为了保证内存分配与垃圾回收器的作用，同时又不影响效率，有必要对内存分配进行研究。

在一个合理的程序中，通常一个存储指令就需要一个字，这是因为堆分配中都需要进行初始化，所以分配了多少个字就需要多少存储指令。经过大量验证发现，程序中每 7 条指令就有一条存储指令，所以每一条指令就需要分配 1/7 个字。

在各种垃圾回收算法中，复制式收集的内存分配代价最小，因为它分配一个连续的空闲区，这个空闲区的末端是 limit，下一个空闲位置为 next。这种内存分配的一般步骤是（假设分配大小为 n 的内存）：

(1) 检测 next+n<limit，如果为假则表示这个区域的空闲内存区不够，需要进行垃圾回收；

(2) 把分配到内存起始地址 next 复制到 pmem，程序通过 pmem 访问内存；

(3) 初始化内存 next[0]，next[1]，⋯，next[n-1]；

(4) next=next+n；

(5) 把 pmem 传送到程序中用得着地方；

(6) 把值存储到申请到的内存中。

以上是常见的内存分配步骤，下面通过分析这些步骤来精简内存分配的代价。起始由于步骤(5)的存在，步骤(2)可以被合并，同时由于步骤(6)，步骤(3)也可以被合并。所以不能被合并的是步骤(1)和步骤(4)，所以内存分配总共约为 4 个指令。如果分配是在同一个内存区中，则可以共用步骤(1)和步骤(4)的比较和自增操作，这样，在情况稍好的时候，内存分配总共只需要 3 条指令。

数据记录的描述与垃圾回收器密切相关，因为这关系到垃圾回收器是否能操作各种数据结构。对于静态类型语言或者面向对象类型语言，识别堆可以通过第一个字的空间实现数据记录的描述，但是对于面向对象语言，第一个字用来实现动态查找，不能把第一个字用于垃圾回收。

编译器除了要对堆进行标记以外，还需要对存放指针的临时变量和局部变量进行信息标记，指示它们是存放在寄存器中还是在活动记录中。由于每条指令都有可能改变指针映象，所以在可能进行垃圾回收的点才描述指针对象，比如内存申请的地方就有可能运行垃圾收集。

指针映象最好以返回地址作为键值，因为这个键值被映射到活跃指针范围，回收器将通过这个值进行相关处理。回收器从栈顶开始从上往下扫描，每一个键值对应一个指针映象，指示一个栈帧。在每一个栈帧内，从指针开始标记。

以下再来看一种特殊的情况，看看编译器是怎么对中间临时变量指针进行分析的，有如下表达式：

$$m[a+310-i]$$

在程序运行过程中将被这样处理：

$$t1=a+310$$
$$t2=t1-i$$
$$t3=t[t2]$$

但是 a 在表达式一处计算完后，就死亡了，回收器对于 t1 这个中间变量将弄不清楚需要回收的堆内存。一般说 t1 是由 a 派生出来的，a 是 t1 的基指针，为了便于活跃分析，导出指针将默认保持基指针的活跃。

习　题

13.1　什么是垃圾内存？不活跃的内存都是垃圾内存吗？

13.2　垃圾回收有哪几种方法？各有何特点？

13.3　有一段程序在经过运行后，内存分配如下图所示，请尝试用复制式垃圾回收方法对内存进行整理。

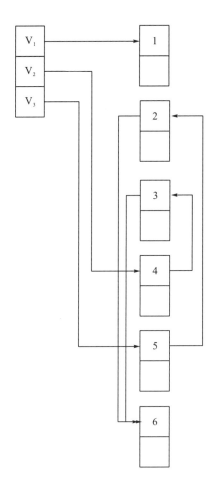

第14章 面向对象语言编译器

14.1 面向对象语言概述

FORTRAN，PASCAL 以及最初的 C 语言等都是面向过程的程序语言。在面向对象程序语言之前，结构化程序语言占据了主流位置，也就是面向过程的程序语言。结构化程序语言的特点是：自顶向下，逐步完善。它将整个程序划分为不同功能的独立模块，各模块力求相对独立，功能简洁。各个模块组合成一个树状结构，这种结构虽然有许多优点，但它将数据和处理数据的各种操作分为相互独立的实体，当数据结构发生变化时，针对这些数据的操作也要做出相应的改变，这就极大地减弱了程序的可维护性，因此不适合复杂的大型软件系统的编制。

相对于面向过程语言而言，面向对象语言将数据和处理数据的操作绑定在一起，其语法结构及其语义的特征主要体现在它的类结构、类与类之间的关系及类的继承结构上。面向对象语言还支持信息封装，其根本目的是让软件开发人员开发设计软件系统的方法尽可能地与认识客观世界的方法相近，体现了一种新的软件构造思想。

面向对象语言的基本特征为：封装性、继承性、多态性。

封装性：把客观世界看作由一个个对象组成，对象是对客观存在实体的抽象。对象应包含对象的属性和对象的行为。

继承性：继承是指一个对象直接使用另一对象的属性和方法。C++类继承中总共可以通过三个方式来实现，即公有继承(public)、私有继承(private)、保护继承(protected)。继承可以使现有的代码具有可重用性和可扩展性。

多态性：一个对象有着多重特征，可以在特定的情况下表现不同的状态，从而对应不同的属性和方法。

例 14.1 有类 X 的对象 x，并有成员函数 func；类 Y 的对象 y，也有成员函数 func，如图 14.1 所示。

在面向对象成员调用中，p.func 中的 p 是 X 和 Y 的共同祖先类的一个实例变量。

当执行了 p:= x 后，消息 p.func 的接受目标是生成对象 x 的类 X 的成员函数 func；而当执行了 p:=y 后，消息 p.func 的接受目标是生成对象 y 的类 Y 的成员函数 func，并且 func 可以是状态成员也可以是操作成员。

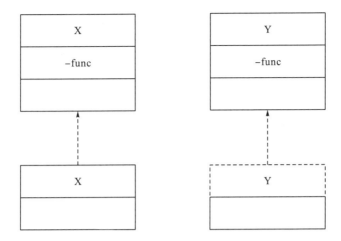

图 14.1　类的继承图

14.2　类 与 继 承

面向对象语言中的一个类描述具有相同状态属性及其行为属性的元素的集合,它是对象的静态描述定义。为了举例说明面向对象语言的编译技术,使用类似于 C++的基于类的面向对象程序设计语言来描述。

例 14.2

```
Class Person {
        public: int  weight, height;
                void speak();
        private: double x;
        }
Class Chinese  extends  public Person {
        Public void speak()
        {speak.chinese()}
        }
```

上述包含两个类: Person 类和 Chinese 类,其中类 Chinese 继承类 Person,则类 Chinese 称为派生类,类 Person 称为基类。Person 的数据和方法都属于 Person,类 Chinese 可以重载(这里类似于 C++中的覆盖)类 Person 的方法,但不可以重载类 Person 的私有数据。

面向对象的这种继承关系非常有利于对自然界对象的描述。

下面是符合面向对象语言语法的一个经典程序。

例 14.3

```
Class Person {
        public: int  weight, height;
                void speak();
```

```
        private: double x;
        }
Class Chinese  extends  public Person {
        Public void speak()
        {speak.chinese()}
        }
Class Chinese extends Person {
speak.chinese();
}
Class Germany extends Person {
speak.german();
}
Object ZhangShan=new Chinese();
Object Hena=new Germany();
ZhangShan.speak.chinese();
Hena.speak.german();
```

上面的程序说明了面向对象语言的使用：

（1）Person、Chinese、Germany 都表示一个 Object；

（2）ZhangShan、Hena 分别表示 Chinese、Germany 的一个具体实例；

（3）weight 是 Chinese 的一个共有属性。

该程序包含三个类：Person、Chinese、Germany，其中 Person 是基类，Chinese 和 Germany 是派生类，如图 14.2 所示。

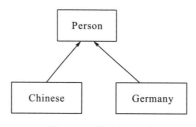

图 14.2　类的继承图

类 Chinese 重写了类 Person 中的 speak 方法，使得任何一个 Chinese 都可以讲话，这体现了 14.1 节提到的面向对象语言中的多态性原则。

14.3　私有域和私有方法

面向对象语言的封装性能够保护对象的数据域不被其他对象非法访问，其主要实现手段是域的私有化。私有域声明了不能被对象之外声明的任何函数和方法读取与更新的域，一般使用关键字 private 来声明私有域时,与之相反的域则称为共有域,使用关键字为 public。

私有域的使用增强了程序的健壮性,私有性是由编译器的类型检查阶段来保证的。在类 Person 中,变量 x 是私有的,它并不能被继承。

保护有不同的形式,不同的语言保护的方式也是不一样的。在 C++中,当一个类的成员定义为 public,就能够在类外访问,包括它的派生类。当一个成员定义为 private 时,它仅能被该类和友元访问,不能被它的派生类访问;当一个成员定义为 protected 时,它可以在该类内和友元访问以及它的派生类访问;当一个成员没有指定访问说明符时,默认为 private。

14.4　面向对象语言的翻译

14.4.1　单继承的编译方案

单继承意味着所有子类都继承自单一的基类的继承模式,一个子类只能有一个直接的父类。

1. 数据域的翻译

在单继承情况下首先来解决数据域的继承问题,目前一般采用简单的预处理技术,以下面的例子作为说明(图 14.3)。

图 14.3 描述了预处理技术的示例,该技术可看作一种预复制技术。图中,类 Germany 继承类 Person,则在 Germany 的域中首先复制 Person 的属性和方法(也就是图中的 weight),然后在复制的属性和方法上新定义增加自己的属性和方法(图中新增的 Car)。同样地类 Switzerland。

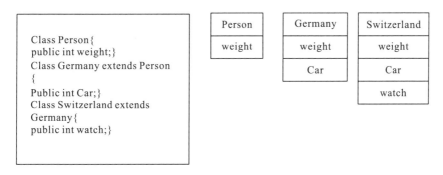

图 14.3　数据域翻译图

2. 方法域的翻译

对一个类方法的翻译类似于面向对象过程语言中函数的翻译,其本质是定位内存中对应方法的入口地址。例如,在例 14.2 中 Chinese 类在机器码 speak()中包含一个入口,在编译的语义处理生成代码阶段，每个变量的环境入口都包含一个指向其类说明的指针，每个类说明包含指向其父类的指针和一系列的方法示例，每个方法示例对应一段机器代码。

在面向对象语言中，如 C++ 中，可以使用静态方法，这时需要关键字 static 声明。当一个方法声明为静态方法后也就意味着该方法成为一个全局的方法，换句话说就是该方法的机器代码常驻内存，不可覆盖和复制，通常该方法被存储在程序的静态存储区而非栈上空间。在面向对象语言中，假设类 A 中声明了一个静态方法 fuc()，如果创造了一个 A 的实例 a，那么调用 a.fuc() 时所执行的机器代码依赖于示例 a 所属类型 A，而不是 a 实例本身。这样在编译 a.fuc() 时，编译程序第一步要做的就是找到 a 所属的类型 A，在类 A 中找到 fuc()，如果类 A 中找不到方法 fuc()，则在类 A 的父类中继续查找，依次下去直到找到方法 fuc()。因此，静态方法在编译的时候就可以确定执行的函数体。

然而，很多情况下在编译时并无法确定执行的函数体，要等到程序运行时根据实际指向的实例才能确定。这就需要动态方法。例如，如果基类 Person 中的方法 fuc() 是一个非静态方法，则该方法可以被 Person 的某个子类 Chinese 覆盖（如例 14.2）。但在编译期间，无法确定方法 speak() 指向的是类 Germany 的一个对象还是类 Chinese 的一个对象，如果指向的是类 Germany 的对象则调用 Germany.speak()，否则调用 Chinese.speak()。为了解决这个问题，面向对象语言中提出了动态绑定的概念，其具体做法为每个类描述字必须包含一个指针向量列表，在该向量中每个动态方法名对应一个方法实例（机器代码的入口），当类 Chinese 继承类 Person 时，将 Person 的所有方法名登记项复制到 Chinese 的方法表始端，然后才是 Chinese 中自己声明的新方法。这种方法类似于数据域的继承做法。

图 14.4 是动态绑定方法的类描述图，左边方框内是类的定义，A 是 Person 的属性（weight）和方法[person、speak()]定义。B 描述 Germany 继承 Person，并新增了方法[Germany、speak()]。C 描述 Switzerland 继承 Germany 时，Switzerland 的方法 speak() 覆盖 Person 的方法 speak() 的发生情况。在 C++ 中用带有 Vertual 关键字的虚函数来表达动态编译。

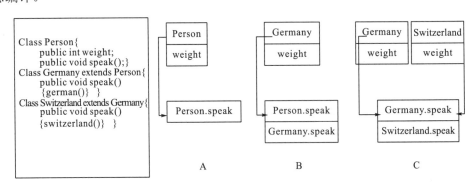

图 14.4　用于动态绑定方法的类描述图

静态方法或者动态方法，都是描述何时确定应用程序所调用函数的入口地址，如果编译器在编译时或链接时确定了所有函数的入口地址，那么这种确定地址的方法称为静态链接或者先期联编；如果是在运行时确定所有函数的入口地址，那么这种确定地址的方法称为动态链接或者迟后联编。

14.4.2　多继承的编译方案

对于单继承来讲，编译器相对容易实现编译，但是多继承的现象也广泛存在于现实世界，因而许多面向对象语言也提供了多继承功能。

多继承的好处在于一个类可以从多个类派生而来，因此可以同时拥有多个父类的特征和行为。然而，多继承也存在显著的缺点，例如：①如果在一个子类继承的多个父类中拥有相同名字的实例变量，子类在引用该变量时将产生歧义，无法判断应该使用哪个父类的变量。这称为命名冲突。②如果在一个子类继承的多个父类中拥有相同方法，子类中有没有覆盖该方法，那么调用该方法时将产生歧义，无法判断应该调用哪个父类的方法。这称为继承冲突。因此编译器对于多继承的处理要更为复杂。

下面用双继承来简单阐述多继承中编译器设计中可能遇到的问题以及相应的解决方法，假定类 Child 同时继承类 Chinese 和 Germany（图 14.5），下面讨论在这种情况下的语义问题和编译器设计问题。

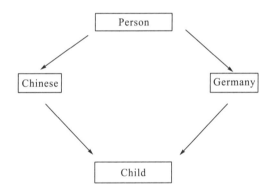

图 14.5　基于多继承的编译器翻译

（1）类 Chinese 和 Germany 之间可能存在的冲突和矛盾。例如两个基类中，如果使用同样的名字来声明方法和属性，则派生类在继承时将产生冲突，对于这种语言定义的问题，一般可采用下面的方法解决：

①把 Chinese 定义为主要后代，解决冲突时 Chinese 优先。这种方法是通过预先设定的次序来查找继承类关系来动态将名字结合，以最先找到的为继承对象，在图 14.5 所示例子中，先查找类 Child，然后查找类 Chinese，最后查找类 Germany。这种方法不能解决非显式冲突问题。

②对于允许继承特征被重复命名的语言，允许开发人员通过显式的干预来解决可能存在的问题。

③通过更为详尽的语言来提供一些方式来解决冲突，例如名字 n 在类 Chinese 和 Germany 中的定义存在冲突，那么 Chinese：：n 和 Germany：：n 则可以无歧义地指明是使用类 Chinese 还是类 Germany。

(2)类 Chinese 和 Germany 都派生自类 Person，当 Child 继承类 Chinese、Germany 时会产生重复继承的问题，这也会产生相应的冲突。

14.5 面向对象语言的编译优化

面向对象语言使软件开发人员开发设计软件系统的方法尽可能地与认识客观世界的方法相近。作为面向对象的基本特征，对继承性和多态性的合理使用能够使软件开发更为便捷。选取编译器对虚函数的处理来举例。虚函数(virtual function)是通过一张虚函数表(virtual table)来实现的，简称 V-Table。这个表主要是一个类的虚函数的地址表，其解决了继承、覆盖的问题，以真实反映实际的函数。这样，在有虚函数的类的实例中分配了指向这个表的指针的内存，当用父类的指针来操作一个子类的时候，这张虚函数表就显得尤为重要了，它就像一个地图一样，指明了实际所应该调用的函数。

编译器应该是保证虚函数表的指针存在于对象实例中最前面的位置(这是为了保证取到虚函数表有最高的性能——如果有多层继承或是多重继承的情况下)。这意味着可以通过对象实例的地址得到这张虚函数表，然后就可以遍历其中函数指针，并调用相应的函数。

然而，计算机体系结构中处理常量地址的跳转比通过查表法从表中获取的地址跳转更为有效。当指令流水线中的跳转地址为常量时，处理器能够引导指令获取机制预取位于跳转地址中的指令，并存于 cache 中，当跳转地址无法预测时，预取也就无法实现，就会将指令的获取和执行流水线迟延好几个周期。因此，在动态编译方法时，编译器并不知道在某个位置将要调用的函数入口，也就很难分析出对这个函数调用的影响。那么编译器也就不能对内联函数扩展或是过程间分析做有效的优化。因此，就需要编译器通过对面向对象语言的全局程序分析找到那些动态方法调用，并将它们替换为静态方法调用。在面向对象语言的编译优化中，应尽可能将动态方法的调用转化为静态方法的调用。

下面通过一个例子来说明基于静态类层级结构分析的编译器优化(图 14.6)。

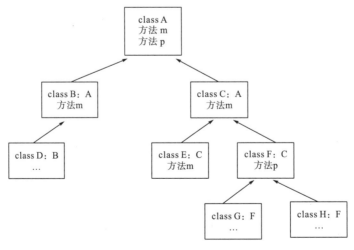

图 14.6 基于静态类层次结构图

　　如图 14.6 所示，存在一个基类 A，还有它的派生类 B，C，…，H。在基类 A 中定义了方法 p 和方法 m，方法 p 在派生类 F 中得到重新定义。方法 m 在派生类 B，C，E 中得到重载。由于方法 m 在很多类中出现，为了保证对象的多态性，编译器需要通过定义虚函数(virtual function)来实现动态方法时的正确选取。正如前面所讲的，编译器需确保虚函数表的指针存在于对象实例中最前面的位置。 这意味着可以通过对象实例的地址得到这张虚函数表，然后就可以遍历其中函数指针，并调用相应的函数。由此可见，这种虚函数表的方法实质上是一种查表跳转方法，它的效率要低于基于静态编译的常量地址跳转方法。对图 14.6 中类 F 的分析可以得出，类 F 继承类 C，也就继承了类 C 中的方法 m。方法 m 在 F 的子类 G 和 H 中并没有重载，这就意味着对 F 类中 m 方法的调用可以直接用 C：m 的调用来代替。因此可以将 F：m 编译成对 C：m 的静态常量地址跳转。

　　通过静态类分析和其他一些技术，面向对象编译器对可能存在动态调用的类推导出尽量准确的信息。如果能够得到这些更为准确的信息，一些需要用到动态分配的情况就可以被直接调用替换，并且可以进一步通过编译器的内联展开(inline-expansion)进行优化。

习　题

14.1　面向对象语言的基本特征是什么？这些特征对编译器构造有何影响？

14.2　什么是多继承的编译方案？请用示例说明。

14.3　面向对象语言的一大特点是允许继承，一般情况下各种不同语言都规定了允许继承的方式（单继承或多继承），有些语言只能单继承，如 JAVA 语言，它通过接口（interface）的方式使得一个单继承的类可以复用其他类的方法。有些语言允许多继承，下面是一个多继承的例子，请设计一个编译器优化实现方案。

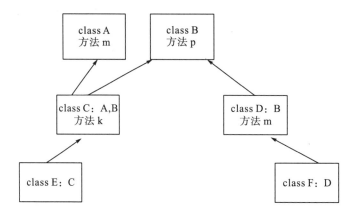

第15章 人工智能编译器

15.1 人工智能编程语言概述

人工智能(artificial intelligence，AI)编程语言是一类适应于人工智能和知识工程领域的、具有符号处理和逻辑推理能力的计算机程序设计语言。能够用于编写程序求解非数值计算、知识处理、推理、规划、决策等具有智能的各种复杂问题。

典型的人工智能编程语言主要有 Python、R、LISP、Prolog、Smalltalk、C++等。

一般来说，人工智能语言应具备如下特点：

(1)具有符号处理能力；

(2)适合于结构化程序设计，编程容易；

(3)具有递归功能和回溯功能；

(4)具有人机交互能力；

(5)适合推理。

15.1.1 Python

Python 由荷兰数学和计算机科学研究学会的冯·罗苏姆(Guido van Rossum)于 1990 年初设计，作为一门称为 ABC 语言的替代品。Python 提供了高效的高级数据结构，还能简单有效地面向对象编程。Python 语法和动态类型，以及解释型语言的本质，使它成为多数平台上写脚本和快速开发应用的编程语言，随着版本的不断更新和语言新功能的添加，逐渐被用于独立的、大型项目的开发。

Python 解释器易于扩展，可以使用 C 或 C++(或者其他可以通过 C 调用的语言)扩展新的功能和数据类型。Python 也可用于可定制化软件中的扩展程序语言。Python 丰富的标准库，提供了适用于各个主要系统平台的源码或机器码。

如图 15.1 所示，在 2021 年 6 月的 TIOBE 排行榜中，Python 语言上升到第 2 位，并且与第 1 位的 C 语言只有较小的差距。同时，如图 15.2 所示，在近些年中，Python 的排名和占比也在持续上升，这也证明了 Python 语言的热门程度及发展前景的火热。

随着 Python 语言受到越来越多人的关注，越来越多的项目用其进行开发，Python 语言的社区也得到了蓬勃的发展，许多的第三方库使用 Python 进行实现，最出名的莫过于 PyTorch、TensorFlow，这两个 Python 的第三方库是面向于人工智能领域的。本章选用了 Python 语言简要讲解其虚拟机、字节码、抽象语法树的知识。

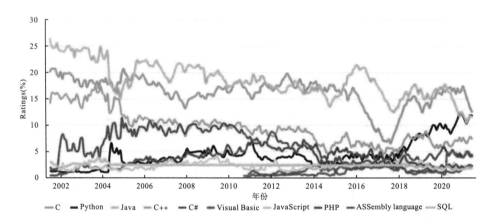

Jun 2021	Jun 2020	Change		Programming Language	Ratings	Change
1	1			C	12.54%	-4.65%
2	3	^		Python	11.84%	+3.48%
3	2	v		Java	11.54%	-4.56%
4	4			C++	7.36%	+1.41%
5	5			C#	4.33%	-0.40%
6	6			Visual Basic	4.01%	-0.68%
7	7			JavaScript	2.33%	+0.06%
8	8			PHP	2.21%	-0.05%
9	14	^		Assembly language	2.05%	+1.09%
10	10			SQL	1.88%	+0.15%
11	19	^		Classic Visual Basic	1.72%	+1.07%
12	31	^		Groovy	1.29%	+0.87%
13	13			Ruby	1.23%	+0.25%
14	9	v		R	1.20%	-0.99%
15	16	^		Perl	1.18%	+0.36%
16	11	v		Swift	1.10%	-0.35%
17	37	^		Fortran	1.07%	+0.80%
18	22	^		Delphi/Object Pascal	1.06%	+0.47%
19	15	v		MATLAB	1.05%	+0.15%
20	12	v		Go	0.95%	-0.06%

图 15.1   2023 年 9 月 TIOBE 排行榜

图 15.2   TIOBE 排行榜语言占比变化趋势

来源：www.tiobe.com

15.1.2   R

R 是一种用于统计计算的编程语言，由奥克兰大学的罗斯·伊哈卡(Ross Ihaka)和罗伯特·杰特曼(Robert Gentleman)发明。如今被广泛地使用于统计分析、数据挖掘等方向。

R 是用于统计分析、绘图的语言和操作环境，属于 GNU 系统的一个自由、免费、源代码开放的软件，是一个用于统计计算和统计制图的优秀工具。

15.1.3 LISP

LISP 语言(list processing)是一种早期开发的、具有重大意义的自由软件项目。它适用于符号处理、自动推理、硬件描述和超大规模集成电路设计等。其特点是使用表结构来表达非数值计算问题，实现技术简单。LISP 语言已成为最有影响的、使用广泛的人工智能语言之一。

15.1.4 Prolog

Prolog(programming in logic)是一种面向演绎推理的逻辑型程序设计语言，最早于 1972 年由柯尔麦伦纳(Colmeraner)及其研究小组在法国马赛大学提出。

Prolog 以处理一阶谓词演算为背景，由于其简单的文法、丰富的表达力和独特的非过程语言的特点，很适合用来表示人类的思维和推理规则，从而一问世就赢得了人工智能研究和应用开发者的广泛关注。尤其在西欧和日本，Prolog 语言已推广用于许多应用领域，如关系数据库、数理逻辑、抽象问题求解、自然语言理解和专家系统等。

15.2 Python 虚拟机基本原理

Python 并不将 py 文件编译为机器码来运行，而是由 Python 虚拟机一条条地将 py 语句解释运行，这也是 Python 被称为解释语言的原因之一。但 Python 虚拟机并不直接执行 py 语句，它执行编译 py 语句后生成的字节码。

15.2.1 过程概述

Python 先把代码(.py 文件)编译成字节码，交给字节码虚拟机，然后虚拟机会从编译得到的 PyCodeObject 对象中一条一条执行字节码指令，并在当前的上下文环境中执行这条字节码指令，从而完成程序的执行。Python 虚拟机实际上是在模拟操作中执行文件的过程。PyCodeObject 对象中包含了字节码指令以及程序的所有静态信息，但没有包含程序运行时的动态信息——执行环境(PyFrameObject)。

字节码在 Python 虚拟机程序中对应的是 PyCodeObject 对象；.pyc 文件是字节码在磁盘上的表现形式。

从整体上看，操作系统中执行程序离不开两个概念：进程和线程。Python 中模拟了这两个概念，模拟进程和线程的分别是 PyInterpreterState 和 PyThreadState，即每个 PyThreadState 都对应着一个帧栈，Python 虚拟机在多个线程上切换。当 Python 虚拟机开始执行时，它会先进行一些初始化操作，最后进入 PyEval_EvalFramEx 函数，它的作用是不断读取编译好的字节码，并一条一条执行，类似 CPU 执行指令的过程。函数内部主要是一个 switch 结构，根据字节码的不同执行不同的代码。

15.2.2 关于.pyc 文件

PyCodeObject 对象的创建时机是模块加载的时候，即 import。需要注意的是：

（1）执行 Python test.py 会将 test.py 编译成字节码并解释执行，但不会生成 test.pyc；

（2）如果 test.py 中加载了其他模块，如 import urllib2，那么 Python 会将 urllib2.py 编译成字节码，生成 urllib2.pyc，然后对字节码解释执行；

（3）如果想生成 test.pyc，可以使用 Python 内置模块 py_compile 来编译，也可以执行命令 Python-m test.py，这样，就生成了 test.pyc；

（4）加载模块时，如果同时存在.py 和.pyc，Python 会使用.pyc 运行；如果.pyc 的编译时间早于.py 的时间，则重新编译.py，并更新.pyc 文件。

15.2.3 关于 PyCodeObject

Python 代码的编译结果就是 PyCodeObject 对象，如图 15.3 所示代码片段。

```
typedef struct {
    PyObject_HEAD
    int co_argcount;            /* 位置参数个数 */
    int co_nlocals;             /* 局部变量个数 */
    int co_stacksize;           /* 栈大小 */
    int co_flags;
    PyObject *co_code;          /* 字节码指令序列 */
    PyObject *co_consts;        /* 所有常量集合 */
    PyObject *co_names;         /* 所有符号名称集合 */
    PyObject *co_varnames;      /* 局部变量名称集合 */
    PyObject *co_freevars;      /* 闭包用的变量名集合 */
    PyObject *co_cellvars;      /* 内部嵌套函数引用的变量名集合 */
    /* The rest doesn't count for hash/cmp */
    PyObject *co_filename;      /* 代码所在文件名 */
    PyObject *co_name;          /* 模块名|函数名|类名 */
    int co_firstlineno;         /* 代码块在文件中的起始行号 */
    PyObject *co_lnotab;        /* 字节码指令和行号的对应关系 */
    void *co_zombieframe;       /* for optimization only (see frameobject.c) */
} PyCodeObject;
```

图 15.3 代码片段 PyCodeObeject 对象

15.2.4　执行字节码

Python 虚拟机的原理就是模拟可执行程序在 X86 机器上的运行，运行时的栈帧如图 15.4 所示。

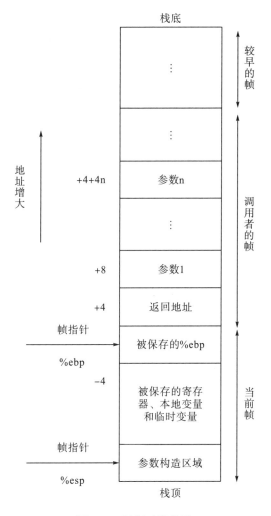

图 15.4　运行时的栈帧

当发生函数调用时，创建新的栈帧，对应 Python 的实现就是 PyFrameObject 对象。

PyFrameObject 对象创建程序运行时的动态信息，即执行环境，相关源码如图 15.5 所示。

```
typedef struct _frame{
    PyObject_VAR_HEAD //"运行时栈"的大小是不确定的
    struct _frame *f_back; //执行环境链上的前一个 frame，很多个 PyFrameObject 连接
起来形成执行环境链表
    PyCodeObject *f_code; //PyCodeObject 对象，这个 frame 就是这个 PyCodeObject
对象的上下文环境
    PyObject *f_builtins; //builtin 名字空间
    PyObject *f_globals;   //global 名字空间
    PyObject *f_locals;    //local 名字空间
    PyObject **f_valuestack; //"运行时栈"的栈底位置
    PyObject **f_stacktop;   //"运行时栈"的栈顶位置
    //...
    int f_lasti;  //上一条字节码指令在 f_code 中的偏移位置
    int f_lineno; //当前字节码对应的源代码行
    //...

    //动态内存，维护(局部变量+cell 对象集合+free 对象集合+运行时栈)所需要的空间
    PyObject *f_localsplus[1];
} PyFrameObject;
```

图 15.5　代码片段 PyFrameObject 对象

15.2.5　Python 字节码

与 JAVA 字节码非常相似，Python 字节码的执行也是基于栈的。此处可以验证一下 Python 字节码的具体形式。

在命令行运行 Python，然后就可以交互式地执行 Python 代码了。执行图 15.6 代码片段，可以得到图 15.7 的结果。

```
>>> def foo();
a  = 2
b = 3
c = a + b
return c
>>>imprt dis
>>>dis.dis(foo)
```

图 15.6　Python 代码示例

2	0	LOAD_CONST	1 (2)
	3	STORE_FAST	0 (a)
3	6	LOAD_CONST	2 (3)
	9	STORE_FAST	1 (b)
4	12	LOAD_FAST	0 (a)
	15	LOAD_FAST	1 (b)
	18	BINARY_ADD	
	19	STORE_FAST	2 (c)
5	22	LOAD_FAST	2 (c)
	25	RETURN_VALUE	

图 15.7　执行图 15.6 代码片段的字节码结果

如图 15.6 所示，dis 模块的功能是反编译 Python 字节码。在上面的例子中，通过 dis 反编译了 foo 这个函数。Python 字节码有两种类型，一种带参数，一种不带参数。在真实的内存中，每个字节码都有一个编号，这个编号称为操作码(operation code)，只占 1 个字节。不带参数的字节码只有操作码，所以它的大小就是 1 个字节；带参数的字节码，最多也只能带一个参数，而每个参数占 2 个字节，所以带参数的字节码就占 3 个字节。图 15.7 中的 LOAD_CONST 和 STORE_FAST 就是带参数的字节码，而 BINARY_ADD 则是不带参数的字节码。

15.3　代码自动生成与抽象语法树

当前，伴随着人工智能技术的发展，特别是深度学习的发展，编译技术已经不仅仅用于代码翻译工作，学界和产业界逐步开始将深度学习与编译技术相结合，进而探索程序理解、程序表示学习、代码自动生成等新的挑战和问题。编译技术在人工智能时代，仍然占据极为重要的地位，是软件自动化的立足基础。

程序自动生成技术指自动地生成软件源代码而无需人工介入，以达到从需求到机器代码的端到端的程序生成新范式。该技术极大程度地减轻了程序员的开发负担，使得程序员可以更加关注程序的设计工作。在程序生成任务中，大量使用的一种数据结构就是代码的抽象语法树。这是因为代码不同于一般的自然语言序列，而是一种具有特殊内在结构的文本块，每个代码片段都对应一个唯一的抽象语法树，通过抽象语法树能够对程序结构进行建模，利用深度学习方法就能够计算得出程序结构生成的概率分布，从而构造出待生成的代码。因此，AST 树在结构化代码生成网络中是一种重要的使能技术，有必要详细展开讨论。

抽象语法树(abstract syntax tree，AST)是用于描述源代码语法结构的一种数据结构，在 AST 中的每个内部结点代表程序构造。在 2.4.2 节所介绍的语法树，其实是语法分析树，在语法分析树中的每个内部结点代表非终结符。文法中的大多数非终结符都代表程序的构造，但也可能是一些辅助符号，如项、因子、其他表达式变体等非终结符号。而在 AST 树中是完全不关心这些辅助符号的，为此会将辅助符号省略。为了强调二者的区别，语法分析树有时也被称为具体语法树(concrete syntax tree，CST)，相应的文法称为具体文法。简单来说，CST 是包含代码所有语法信息的树形结构，它是代码的直接翻译。AST 忽略 CST 中部分语法信息，去除不重要的细节，使得其在分析时更加直观。

例 15.1　描述算术表达式的文法 G[E]：

E→E+E

E→E*E

E→(E)

E→i

对于算术表达式 9*(7+12)，根据例 15.1 描述算术表达式的文法 G[E]所生成的具体语法树(图 15.8)如下。

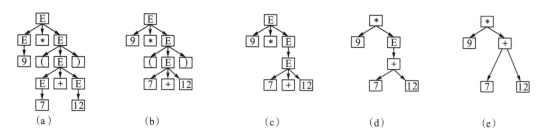

图 15.8 从具体语法树到抽象语法树

此时，从图 15.8(a)可以发现根据文法规则生成的具体语法树非常冗余。E→7 为单继承结点，可以被删除，用数值来替换它的父结点 E 从而得到图 15.8(b)。接着可以发现括号也是冗余的，将括号删除后得到图 15.8(c)。然后，也可以用操作符号来替换它的父结点，得到图 15.8(d)。最后，再次用操作符重复替换得到最终的结果，得到一棵精简后的 AST 树。总结而言，具体语法树和抽象语法树的不同之处在于：

(1)AST 不含有语法细节，比如冒号、括号、分号；

(2)AST 会删除单继承结点；

(3)操作符号成为 AST 中的内部结点，而非像 CST 一样出现在树末端。

通过抽象语法树，就可以建立清晰的代码描述，从而支持利用深度学习方法对程序进行编码。

习　题

15.1　常见的人工智能编程语言有哪些？它们有什么共性特征？

15.2　以 Python 为例，请论述解释型语言与传统编译型语言有何联系和区别。

15.3　任选一种高级语言，请实现它的抽象语法树自动生成构造模块。

参 考 文 献

Aho A V，Lam M S，Sethi R，et al.，2009. Compilers：Principles，Techniques and Tools[M]. 编译原理. 2 版. 赵建华，郑滔，戴新宇，译. 北京：机械工业出版社.

Appel A W，2018. Modern Compiler Implementations in C[M]. 现代编译原理——C 语言描述（修订版）. 赵克佳，黄春，沈志宇，译. 北京：人民邮电出版社.

王生原，董渊，张素琴，等，2015. 编译原理[M]. 3 版. 北京：清华大学出版社.

Cooper K D，Torczon L，2013. Engineering a Compiler，Second[M]. 编译器设计. 2 版. 郭旭，译. 北京：人民邮电出版社.

刘茂福，2020. 编译原理[M]. 武汉：武汉大学出版社.

刘铭，徐兰芳，骆婷，2018. 编译原理[M]. 4 版. 北京：电子工业出版社.

史涯晴，贺汛，2021. 编译方法导论[M]. 北京：机械工业出版社.

鲁斌，2020. 编译原理与实践[M]. 北京：北京邮电大学出版社.

谌志群，2020. 编译器设计原理[M]. 西安：西安电子科技大学出版社.

马智，2020. 深入解析 Java 编译器：源码剖析与实例详解[M]. 北京：机械工业出版社.

海纳，2019. 自己动手写 Python 虚拟机[M]. 北京：北京航空航天大学出版社.